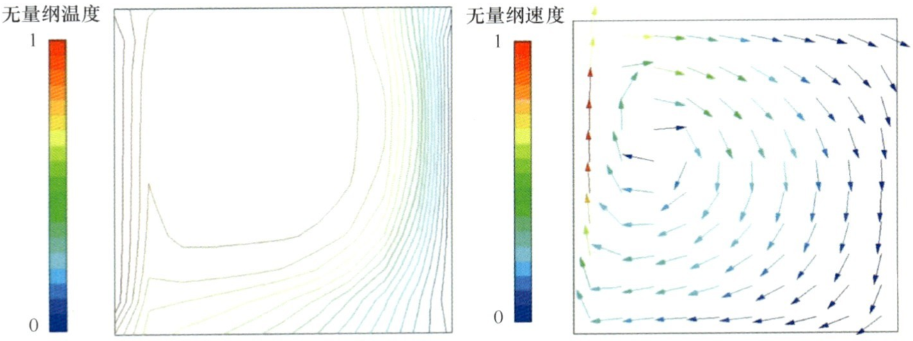

a) 等温线　　b) 速度矢量

图 7.2　空腔内强制对流

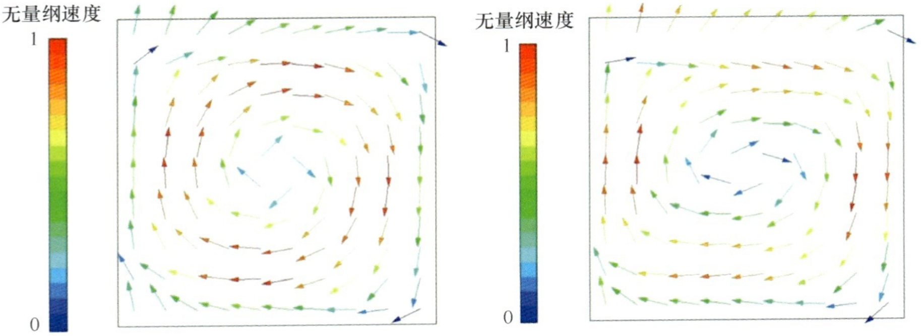

$Gr=1\times10^4$　　$Gr=1\times10^6$

图 7.3　速度矢量图

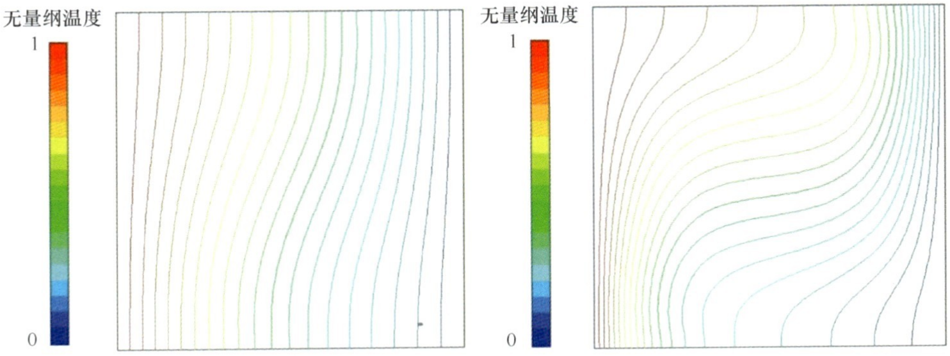

$Gr=1\times10^4$　　$Gr=1\times10^6$

图 7.4　等温线图

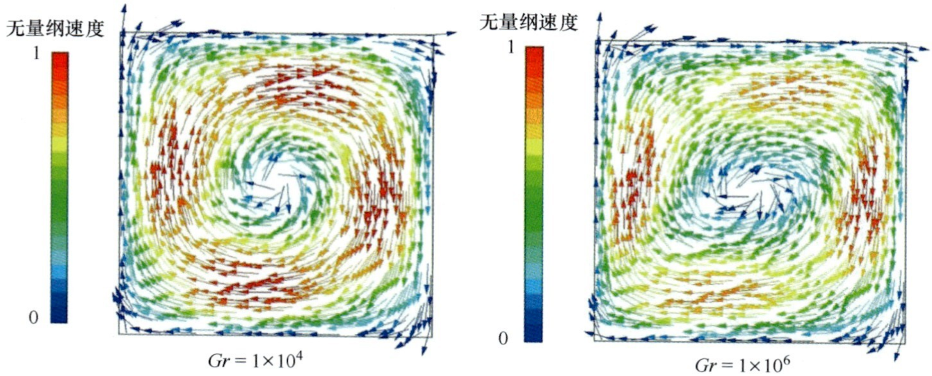

图 7.5　速度矢量图

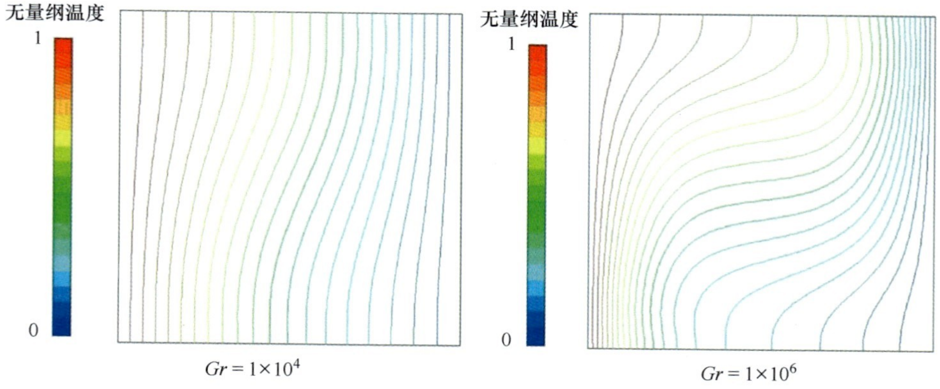

图 7.6　等温线图

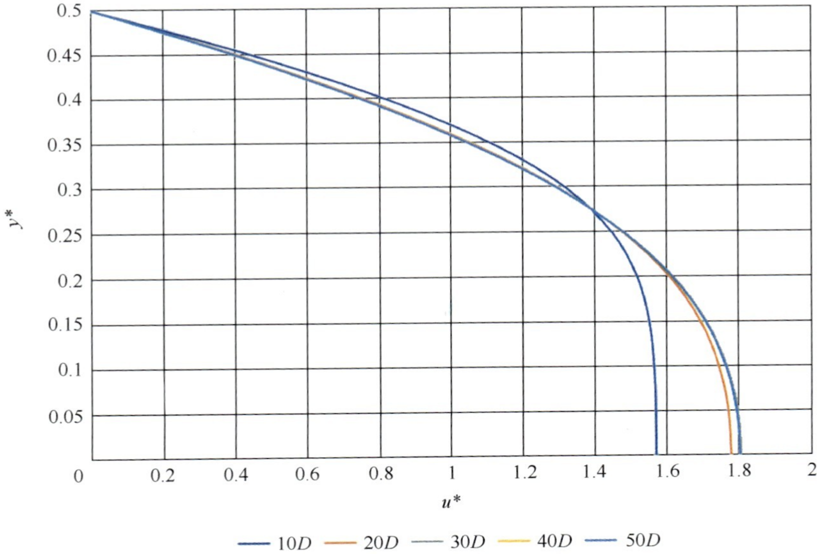

a) 轴向速度分布

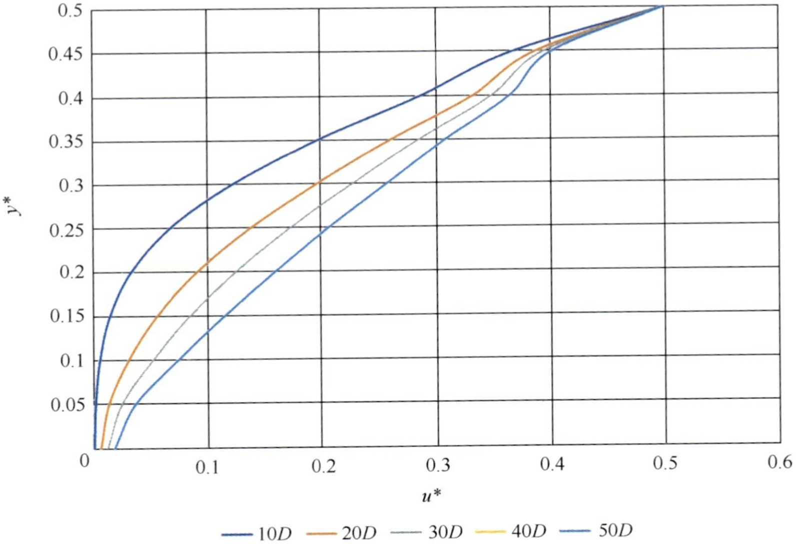

b) 周向速度分布

图 7.9　管道前半段速度分布（Re = 1000）

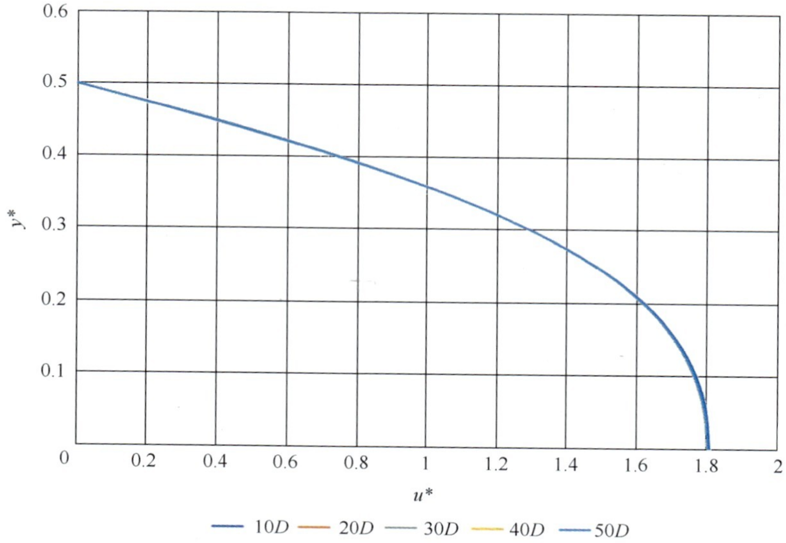

a) 轴向速度分布

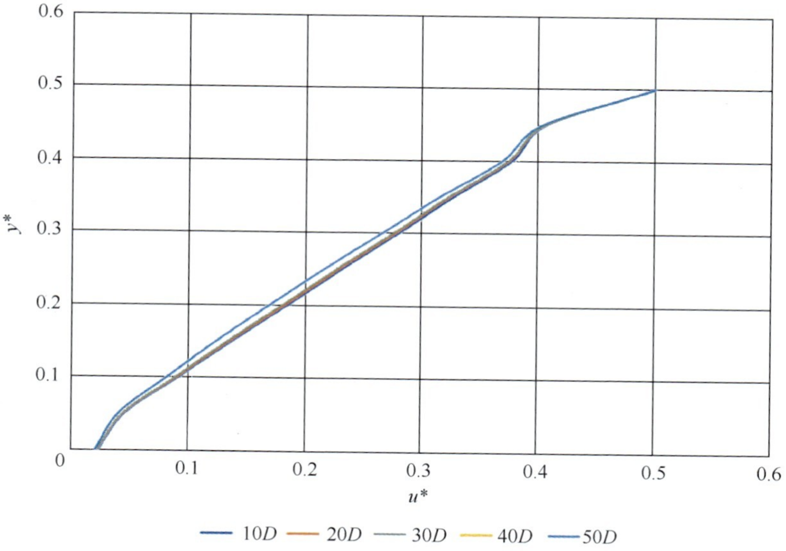

b) 周向速度分布

图 7.10　管道后半段速度分布（Re = 1000）

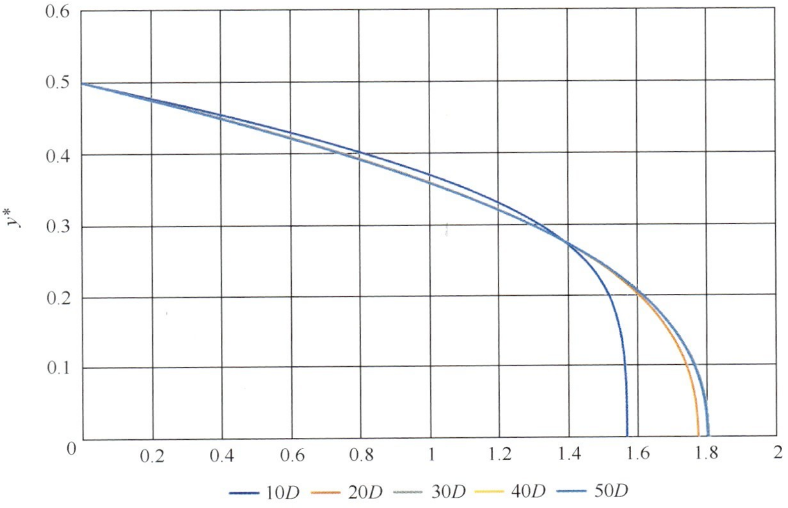

a) 轴向速度分布

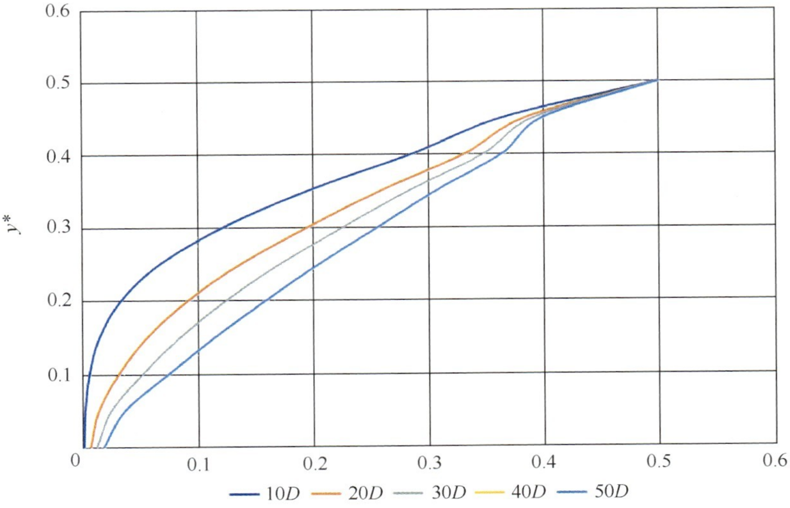

b) 周向速度分布

图 7.11 管道前半段速度分布（Re = 10000）

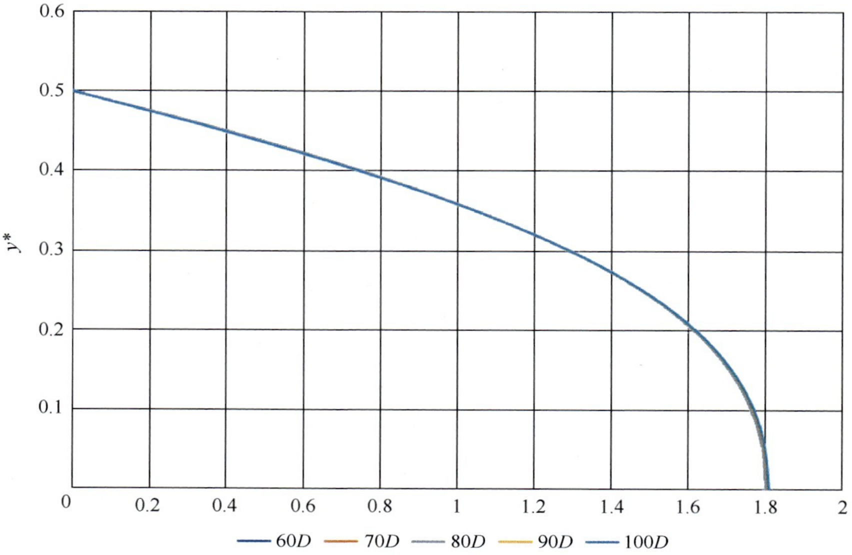

a) 轴向速度分布

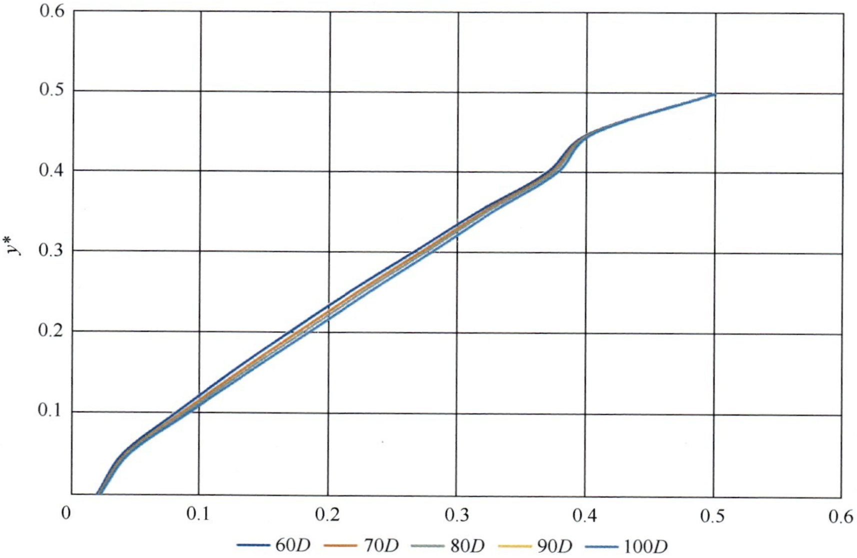

b) 周向速度分布

图 7.12　管道后半段速度分布（*Re* = 10000）

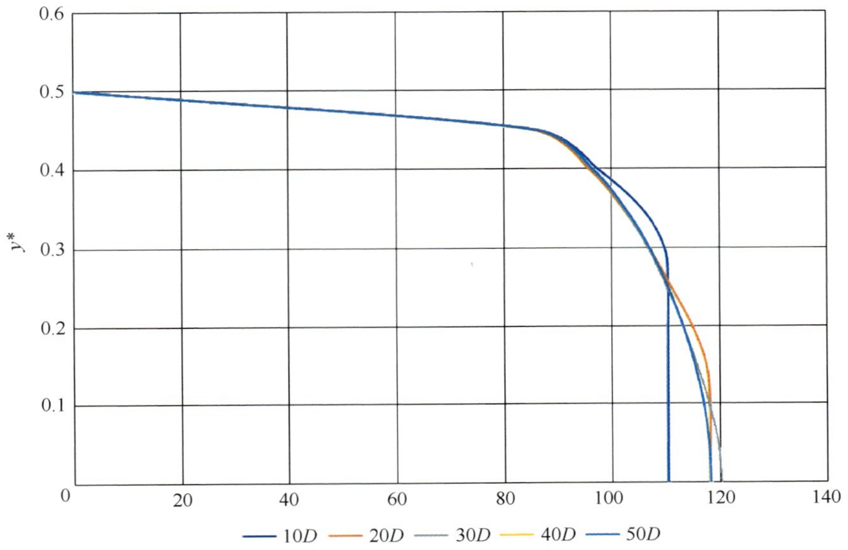

a) 轴向速度分布

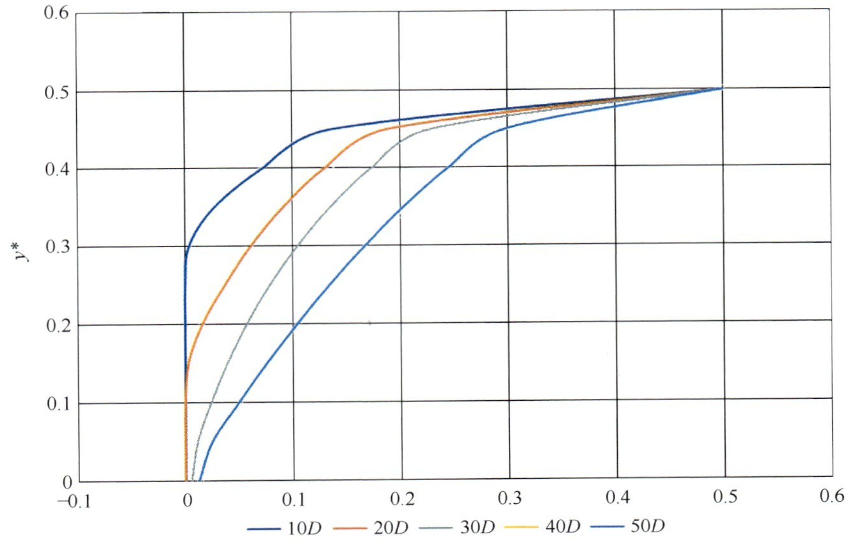

b) 周向速度分布

图 7.13 管道前半段速度分布（Re = 100000）

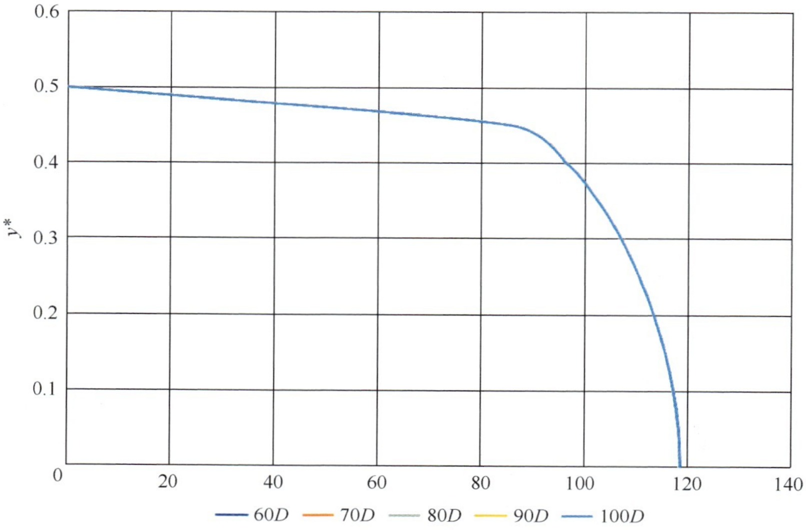

a) 轴向速度分布

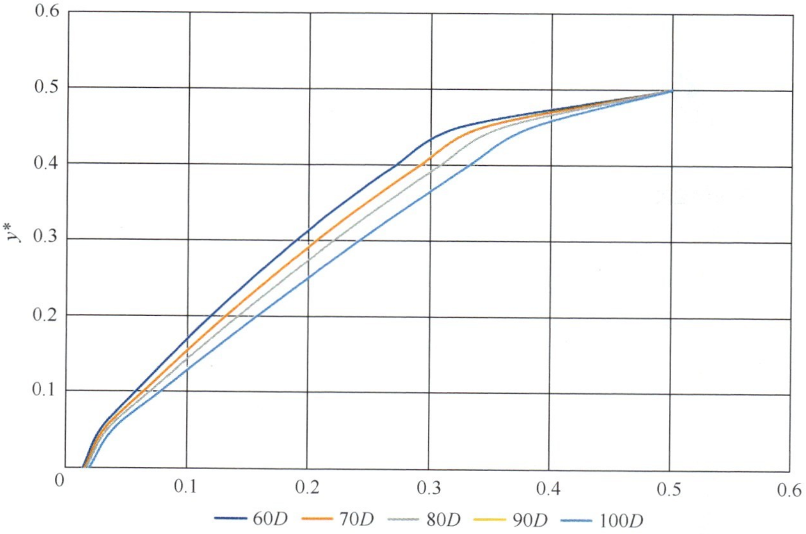

b) 周向速度分布

图 7.14　管道后半段速度分布（Re = 100000）

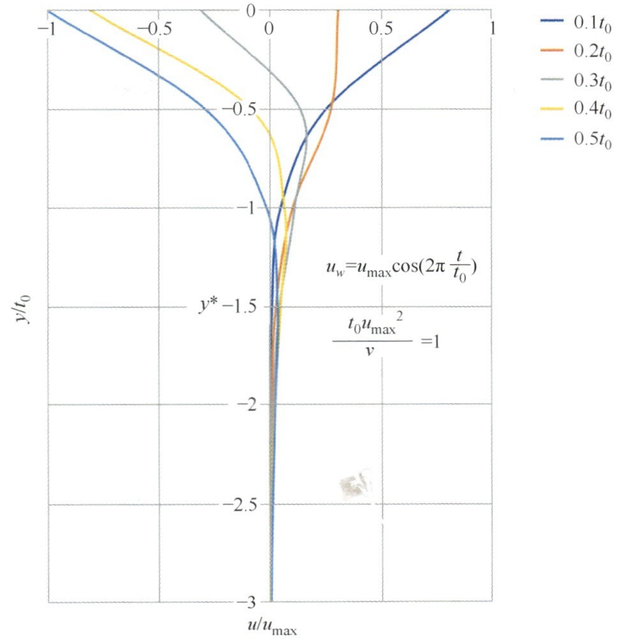

图 7.16　振动的固体壁面附近的流动（斯托克斯的第二问题）

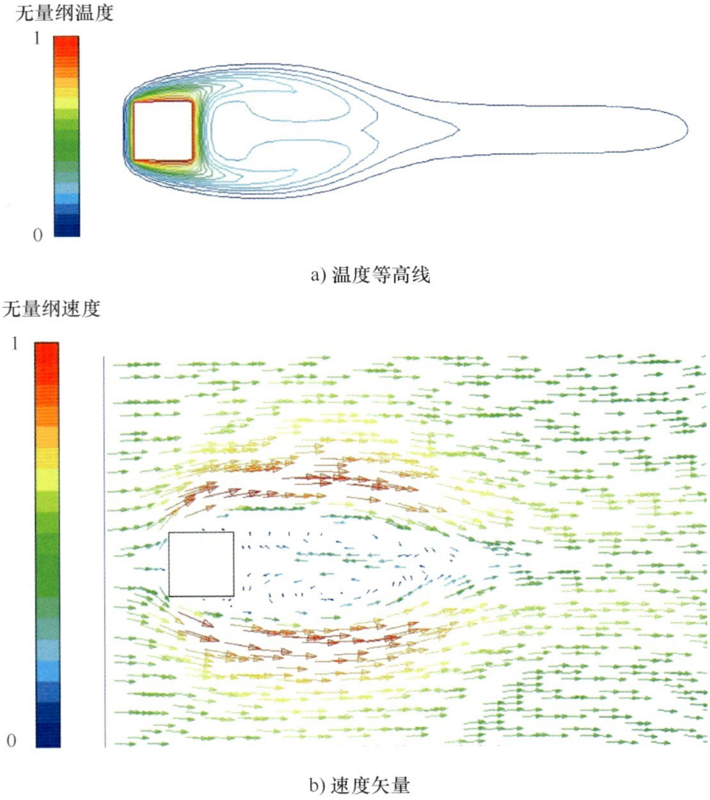

图 7.17　方柱扰流对称涡

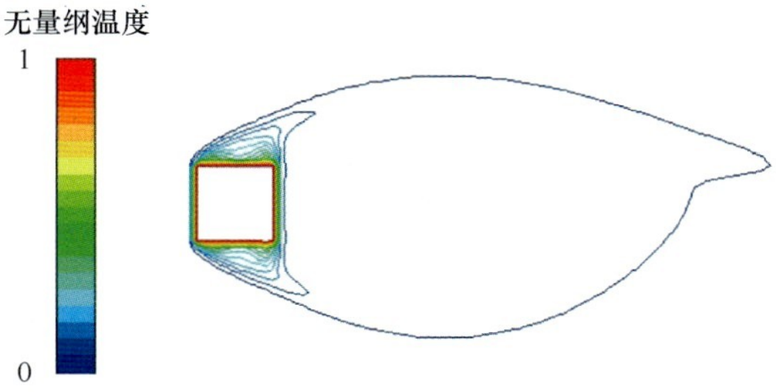

a) 温度等高线

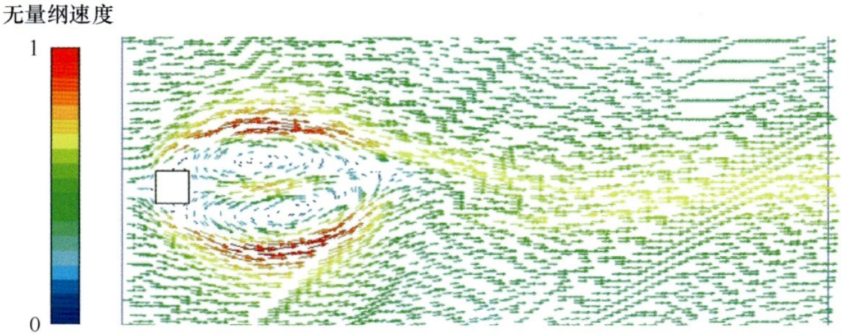

b) 速度矢量

图 7.18　方柱扰流涡街时刻

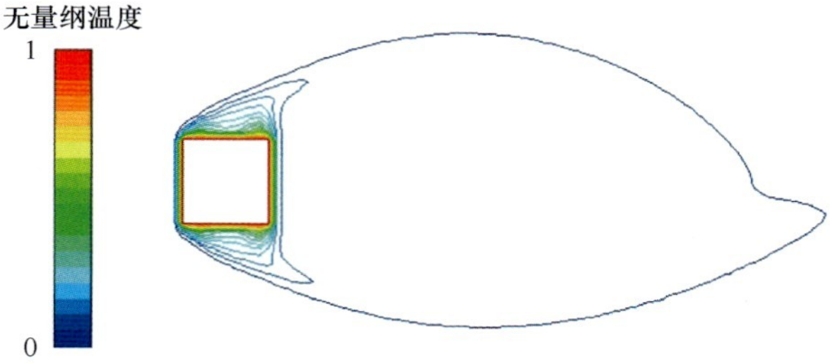

a) 温度等高线

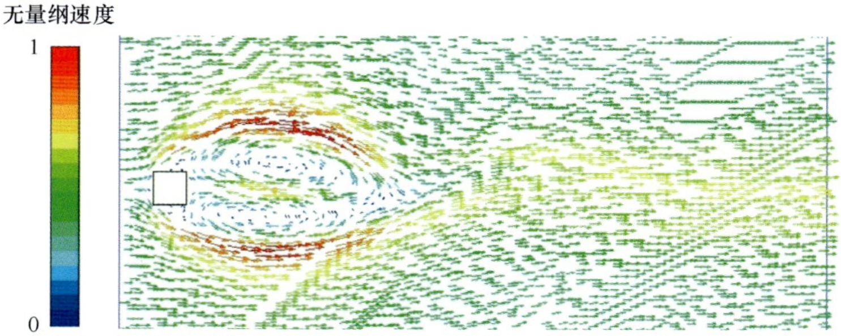

b) 速度矢量

图 7.19　无限长正方形棱柱扰流涡街时刻

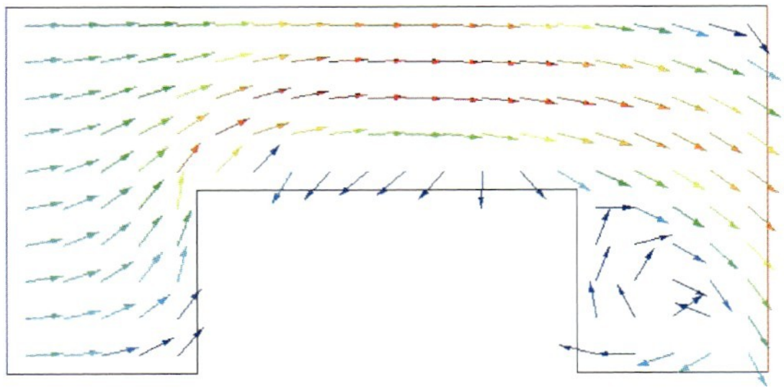

图 7.21　东侧出口距离长方形台阶距离为 L 时的速度分布

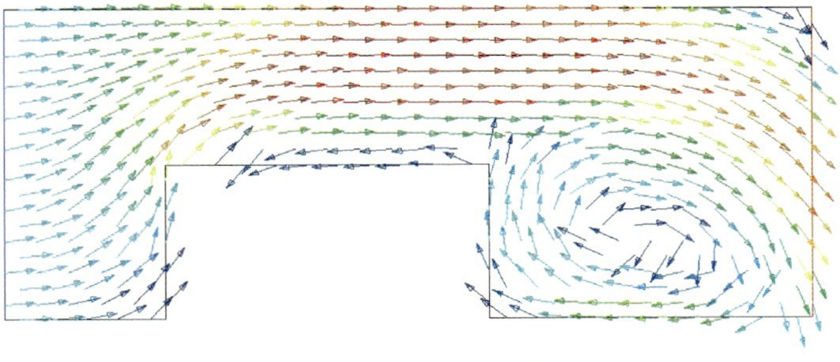

图 7.22　东侧出口距离长方形台阶距离为 $2L$ 时的速度分布

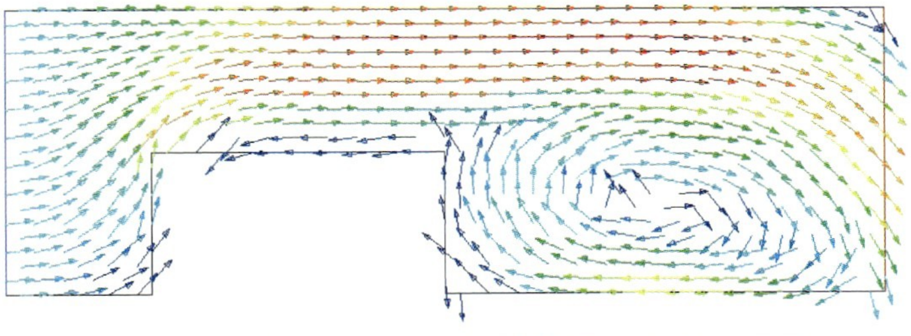

图 7.23　东侧出口距离长方形台阶距离为 $3L$ 时的速度分布

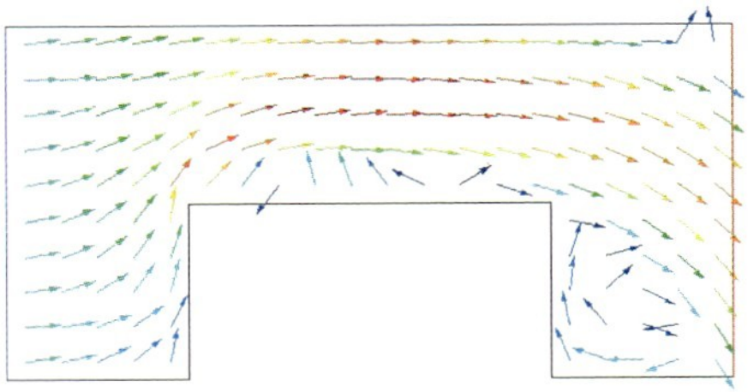

a) 速度分布

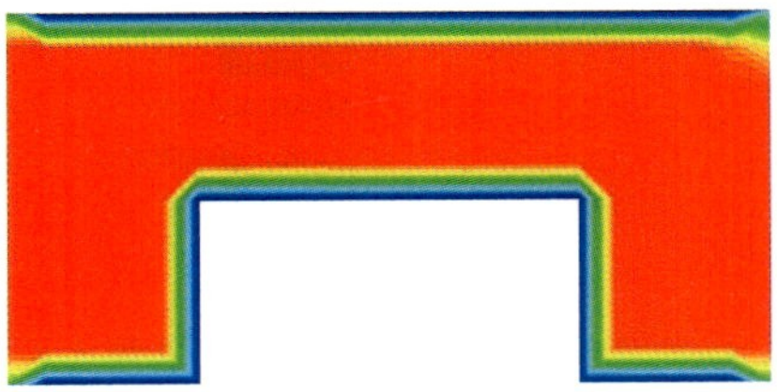

b) 温度分布

图 7.24　东侧出口距离长方形台阶距离 L

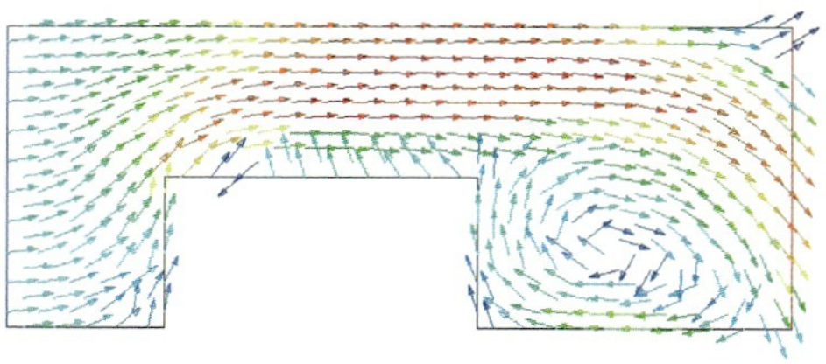

a) 速度分布

b) 温度分布

图 7.25　东侧出口距离长方形台阶距离 2*L*

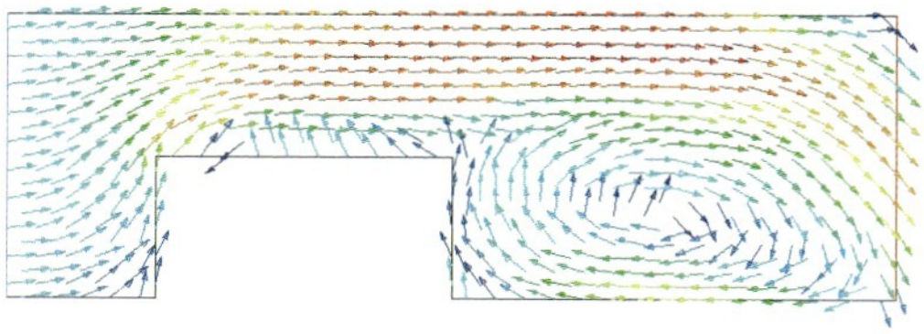

a) 速度分布

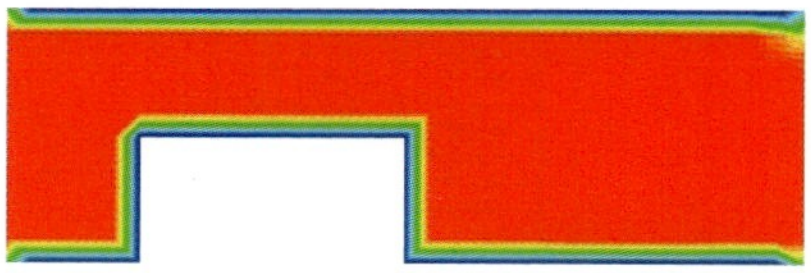

b) 温度分布

图 7.26　东侧出口距离长方形台阶距离 3*L*

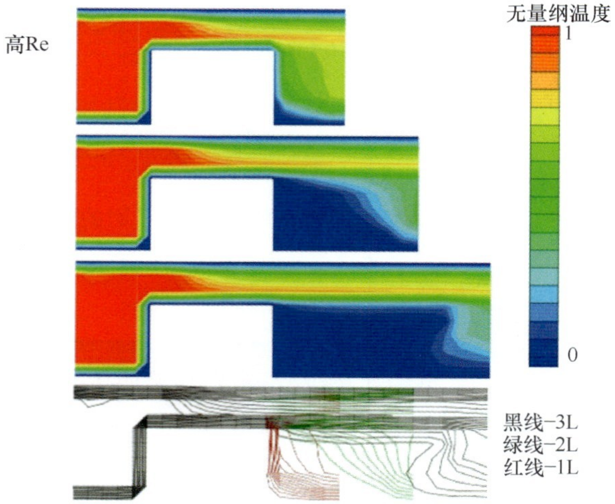

图 7.27　高 *Re* 数（质量传递速度的大小）温度分布

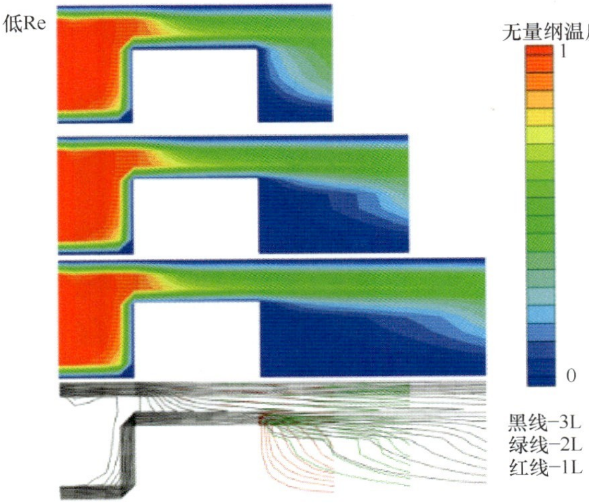

图 7.28　低 *Re* 数（质量传递速度的大小）温度分布

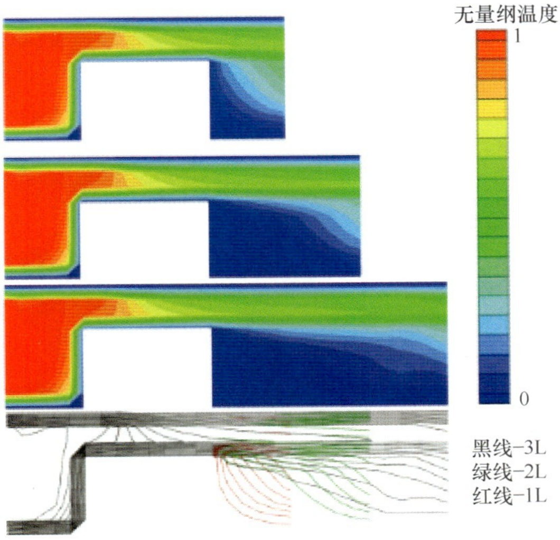

图 7.29　高导热系数、低比热容温度分布

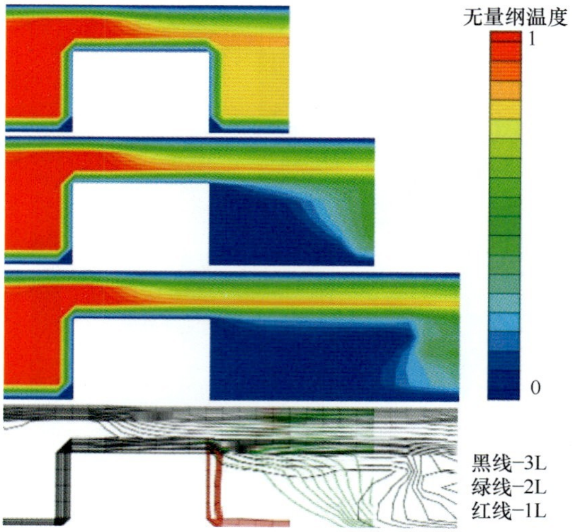

图 7.30　低导热系数、高比热容温度分布

汽车技术创新与研究系列丛书

汽车 CFD 计算基础与实际应用

谷京晨　徐沪萍　范秦寅　[日]香月正司　[日]中山显　著

机械工业出版社
CHINA MACHINE PRESS

随着计算流体力学（CFD）和声学计算方法的成熟，数值计算正在成为解决汽车热管理以及气动噪声问题的主要工具。为了帮助广大技术人员更好地理解CFD原理和技巧，详细了解流动现象的数学描述和数值解析法，理解程序具体的实现过程，作者特编写了本书。本书内容包括绪论、物理现象的数学描述、热传导的数值解析法、一维热传导计算实例、流动和对流传热的数值分析方法、传热和流动解析通用程序SUNSET-C、传热和流动的计算示例。本书提供了汽车电池舱换热、发动机排气系统热管理、油箱振动，以及汽车外体绕流等问题的计算示例。本书适合车辆工程、大气工程、建筑等涉及计算流体力学研究及应用的广大技术人员阅读。

北京市版权局著作权合同登记　图字：01-2023-1428。

图书在版编目（CIP）数据

汽车CFD计算基础与实际应用 / 谷京晨等著. —北京：机械工业出版社，2024.5
（汽车技术创新与研究系列丛书）
ISBN 978-7-111-74570-9

Ⅰ. ①汽…　Ⅱ. ①谷…　Ⅲ. ①计算流体力学－研究　Ⅳ. ① O35

中国国家版本馆CIP数据核字（2024）第054931号

机械工业出版社（北京市百万庄大街22号　邮政编码100037）
策划编辑：孙　鹏　　　　责任编辑：孙　鹏　刘　煊
责任校对：甘慧彤　梁　静　　责任印制：邓　博
北京盛通数码印刷有限公司印刷
2024年8月第1版第1次印刷
169mm×239mm・15.5印张・10插页・301千字
标准书号：ISBN 978-7-111-74570-9
定价：189.00元

电话服务　　　　　　　　网络服务
客服电话：010-88361066　机　工　官　网：www.cmpbook.com
　　　　　010-88379833　机　工　官　博：weibo.com/cmp1952
　　　　　010-68326294　金　　书　　网：www.golden-book.com
封底无防伪标均为盗版　　机工教育服务网：www.cmpedu.com

前言
PREFACE

作为21世纪流体力学领域的重要组成，计算流体力学（Computational Fluid Dynamics，CFD）已经得到了长足的发展。与理论流体力学以及实验流体力学相比，计算流体力学可以基于数学模型，对于复杂的、难以或无法测量的流动现象，进行定性或定量的分析，并提供大量有效的数据。这不仅对于流体力学的理论研究、机械机构的设计、产品性能的改良、生产安全评价，以及缺陷的发现与纠正都大有裨益，而且在V&V（Verification & Validation，验证和确认）方面也承担了重要作用。

20世90年代初期，日本开始大量采用计算机模拟来代替实验，同时，在大学的工程领域中，设置数值流体力学的相关课程，培养具备数值计算能力的人才输送到社会上。1985年，森北出版社出版了当时大阪大学的香月正司教授翻译的Patankar原著《传热与流体流动的数值计算》一书的日文版，正好回应了当时大学引入计算流体力学课程，以及社会对传热流动数值模拟的要求，因此受到了读者的广泛关注。同时，读者们也指出此书未涉及实际的程序设计。因此，森北出版社强烈建议香月正司教授，沿用上述书籍的数值解析理论来撰写一本关于实际程序设计的书，为今后想要学习数值计算的人们提供参考。这就是森北出版社出版《传热流动的数值计算》一书的背景。为了帮助广大技术人员更好地理解CFD原理和技巧，书中详细讲解了流动现象的数学描述和数值解析法，帮助读者理解程序具体的实现过程。

目前，通用计算流体力学软件已经在科学研究、技术开发和产品设计的方方面面得到了广泛应用。这些软件提供了强大且通用的前处理模块，使得用户能够较为简单、便捷地进行几何模型及计算网格的创建或导入。解析部分几乎涵盖了计算流体力学较为成熟的全部成果。同时，功能强大的后处理又提供了较为完善的可视化等分析工具。然而，绝大部分通用 CFD 软件都将各部分模块进行了封装，使得用户难以了解其实际的计算及处理过程。用户难以按照自身的要求，对程序进行修改。尽管这些软件也向用户提供了 UDF（User Define Function）和宏指令（Macro instruction）之类的接口，在某种程度上满足了用户进行特殊化处理的部分诉求。然而，问题并未得到根本的解决。

为了帮助广大技术人员更好地理解 CFD 原理和技巧，详细了解流动现象的数学描述和数值解析法，理解程序具体的实现过程，本书几位作者联系香月正司教授和中山显教授，将其基于 FORTRAN 语言撰写的由森北出版社于 1991 年出版的《热流动数值仿真》一书，根据时代的变迁，改为基于 C 语言实现编程，并增加了个别例题讲解，重新出版，希望对已经从事或有志于流体力学研究的同仁提供帮助。**通过对这一程序的充分理解，读者可以将程序拓展成三维，又可以增加各种方程式描述更加复杂的物理现象，最后将程序扩展成一个通用的传热流动程序。**

本书编写过程中，得到了香月正司教授、中山显教授的支持，几位作者进行了合理的分工，有效地组织了整个编写著作过程，C 语言程序的编写主要由谷京晨博士完成。

最后，还望各界同仁不吝批评指教。同时，衷心感谢各界人士在本书写作过程中给予的大力协助与指导，同时也向为本书出版努力工作的森北出版社的诸君表示感谢。

目录
CONTENT

第 1 章

绪　论

纵观我们的日常生活，我们可以看到许多工业装置中存在气体和液体的流动。而这些流动常常伴有热量的传递、相的变化、化学反应等。这些传热、传质现象，除了我们意识到的这些导热和流体现象之外，还常常在我们意识不到的领域中发挥着重要的作用。包括在地球规模尺度的导热和流动引起的各种自然现象中，在微观尺度的生物生命现象中，在几乎所有地方，传热、传质现象都发挥着重要作用。

了解热量或流体的运动，绝非一件易事。每天的天气预报可以算是一个例子。即使把话题仅限于工程学领域，对于复杂的工业装置的冷却，以及高性能的流体机械内部的流动测量，也要费尽周折。在设计开发阶段，对于最佳方案的探索，更加需要大量的人力、物力，并使用高端的实验技术。如果对于这些实验，全部或者部分采用计算机进行预测，即使用数值模拟来代替实验，那么其效益将会是不可估量的。本书中，不限于工程领域，将一般性的传热和流动现象作为研究对象，讲述其数值模拟手法。因此，说明举例可以是作者的机械专业的例子，可能也是在化学工程学、医学工程、理学领域中的例子。

近十几年来计算机的发展惊人，几年前因计算机容量、运算速度的限制成为困难的问题，现在都可以用微型计算机来处理。因此，如果使用目前最大级别的超级计算机，就可以进行非常大规模的计算。最近，进步最为显著的数学风洞便是这类产物之一。随着硬件的进步，算法也不断优化，可以看到在流体领域中应用有限元法计算高雷诺数流动，或是使用高精度差分法进行湍流的直接模拟，但本书不可能涉及所有这些方法。这里，本书仅列举有限差分法的一种形式，即基于控制体积的有限差分法（也称为有限体积法），从其基本的数学基础开始讲起，并针对实际的程序设计，以及实际应用中的关联事项逐一进行说明。通过采用这样的方法，一方面包含了通用数值计算的基本概念的介绍，一方面区别于其他方法，这些方法往往无法做到仅仅用概念的抽象论述介绍计算机程序。本书针对一种数值计算方法，从每一个基础概念的定义，到应用（物理现象的分析理解，程序编写，微分方程的离散，代数方程的求解，结果的处理及可视化），都进行了介绍，使读者能够有完整全面的理解和体会。

如上所述，本书将从传热和流动现象的控制方程出发，直到对具体的实例计算进行讲解。我们假设读者为首次接触数值模拟的本科生或硕士研究生，以及今后想要从事传热和流动相关数值模拟工作的技术人员。然而，由于本书所介绍的计算机程序是极具通用性的代码，因此在完全理解本书之后，读者应该通过自己的努力和理解，不断逐步进阶到高级问题。这样，本书用大量篇幅侧重于展示传热和流动的实际计算程序，关于数值计算方法的事项并未详细说明。但是，可以预想，当脱离开这里所示的例题，读者们要独立解决问题时，其成败大多取决于计算机技术上的问题。幸运的是，本书采用了与文献 [1] 相同的数值解析法，两者在内容上互相补充。因此，同时阅读两书，可以更完整地理解这里列举的数值解析法及其数学根据。

在第 2 章中，重点是理解热量、流动受什么样的自然法则所支配，并考虑其数学表现。在了解热量、流动的状态时，实际上感兴趣的大多是流速、温度、浓度等的分布。这些量的控制方程具有共性，可以导出统一的一般形式的控制方程式。因此，本章重点考虑这个通用形保存方程式的数值解法。

第 3 章列举了不存在流动时的热传导问题，即固体内的热传导问题，并具体展示了数值分析所需的几个基本事项，在第 4 章中具体展示了实际的计算程序。

第 5 章以后，针对伴随有流动的传热问题，讨论了在流场计算中特有的一些问题，以及这些问题的解决方法。在确立通用形保存方程式的一般数值解法后，通过将通用形方程式应用于最单纯的例题开始进行讲解，按章节推进，逐步处理更复杂的一般性的传热和流动问题，从而按顺序展示数值解析法的基础和附带的应用部分。通过上述学习，读者最后一定能够充分理解第 6 章所示的通用程序“SUNSET-C”（Solver for Unnsteady Navier-Stokes Equations:Two-Dimensional by C programming language）的结构、内容和所包含的通用性。

第 2 章

物理现象的数学描述

在本章中，作为数值分析的基础，我们将考虑物理现象的数学表达式。我们用微分方程来描述传热和流动现象，并针对其数学和物理意义进行说明，最后将其转换成适于数值计算的形式。

2.1 控制微分方程

2.1.1 化学组分控制方程

在考虑传热和流体现象时，我们所关注的是温度、速度、浓度等物理量，这些物理量有时需要知道全部，有时只需要知道其中的几项。因此，我们需要考虑单位质量所对应的物理量，如熵、速度、质量分数等。现在我们举一个例子进行说明。在流体中，如图 2.1 所示，划定一个长方体区域（以下称为控制体），并针对这一区域考虑某种物质（化学种类 i）的流进、流出问题。

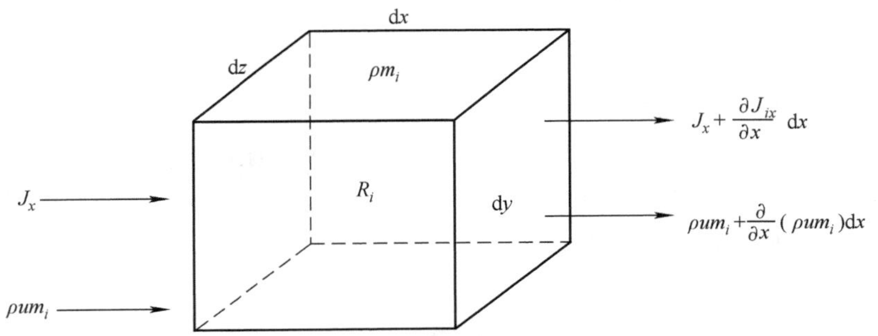

图 2.1 控制体中化学物质的平衡

让我们考虑以下三个方面：由于流动产生的出入量、由于扩散产生的出入量，以及由于反应导致的内部成分的增减。如果是稳态流动，三者存在动态的平衡。如果是非稳态计算（传热和流动存在时间变化），则该体积中 i 化学物质的质量在时间上的变化率也必须包含在内。如图 2.1 中所示，将控制体的质量分数设为 m_i 时，x 方向上流动产生的净流出量为$[\partial(\rho u m_i)/\partial x]$dx × 面积（dydz），$x$ 方向的扩散流量 J_x 的净扩散流出量为$(\partial J_{ix}/\partial x)$dx × 面积（dydz），反应产生量为 R_i× 体积（dxdydz）（消减的场合为负值），控制体内所包含的时间变化量是$[\partial(\rho m_i)/\partial t]$×体积(dxdydz)。其他两个方向的净流出量和净扩散流出量也以同样的方法考虑的话，可以得到以下关系（方程两边同时除以dxdydz）。

$$\frac{\partial}{\partial t}(\rho m_i)+\frac{\partial}{\partial x}(\rho u m_i)+\frac{\partial}{\partial y}(\rho v m_i)+\frac{\partial}{\partial z}(\rho w m_i)+\frac{\partial J_{ix}}{\partial x}+\frac{\partial J_{iy}}{\partial y}+\frac{\partial J_{iz}}{\partial z}=R_i \quad (2.1)$$

如果使用矢量表示则为

$$\frac{\partial}{\partial t}(\rho m_i)+\mathrm{div}(\rho \boldsymbol{u} m_i)+\mathrm{div}(\boldsymbol{J}_i)=R_i \quad (2.2)$$

式中，ρ为密度；$\boldsymbol{u}$ 为速度矢量。

另外，扩散流量矢量$\boldsymbol{J}_i$可以根据 m_i 在 x、y、z 方向的梯度得到，根据菲克扩散定律，可以得到

$$\boldsymbol{J}_i=-\Gamma_i \mathrm{grad} m_i \quad (2.3)$$

式中，Γ_i为扩散系数。

将上式代入式（2.2），可得

$$\frac{\partial}{\partial t}(\rho m_i)+\mathrm{div}(\rho \boldsymbol{u} m_i)=\mathrm{div}(\Gamma_i \mathrm{grad} m_i)+R_i \quad (2.4)$$

式（2.4）为化学物质 i 的控制方程，其解 m_i 为物质 i 的浓度分布。

2.1.2 能量方程

和化学组分控制方程式一样，这里也要考虑单位体积内比焓 h 的守恒。严格的能量方程中包含很多微小项，这里只关注基本的守恒形式。如果忽略黏性摩擦引起的发热，则能量方程式为

$$\frac{\partial}{\partial t}(\rho T)+\mathrm{div}(\rho \boldsymbol{u} T)=\mathrm{div}\left(\frac{\lambda}{c_p}\mathrm{grad}T\right)+\frac{S_h}{c_p} \quad (2.5)$$

式中，λ 为导热系数；c_p 为比定压热容；S_h 为单位体积的发热率。

当考虑能量控制方程时，因变量采用温度可以简化问题。假设比定压热容 c_p 为常数，可以得到

$$c_p \mathrm{grad}T=\mathrm{grad}h \quad (2.6)$$

能量方程式可简化为

$$\frac{\partial}{\partial t}(\rho T)+\mathrm{div}(\rho \boldsymbol{u} T)=\mathrm{div}\left(\frac{\lambda}{c_p}\mathrm{grad}T\right)+\frac{S_h}{c_p} \quad (2.7)$$

式（2.7）的右边第一项是基于傅里叶导热法则的流体热传导项。

固体内的热传导问题，也是极为常见的传热现象。对于固体热传导问题，最大的特征是不存在流动，因此式（2.7）的左边第 2 项为 0。如果考虑固体的密度是恒定的，则非稳态热传导的控制方程可以简化为

$$\rho c\frac{\partial T}{\partial t}=\mathrm{div}(\lambda\mathrm{grad}T)+S_h \tag{2.8}$$

式中，c 是固体的比热容。

由此我们也可以知道，对于固体热传导问题不需要单独进行讨论，包含有流动的能量控制方程（2.7）已经将固体热传导问题包含其中。

2.1.3　动量方程

在某一方向上的速度分量，或者说单位质量流体的动量，也可以依照上面的方法建立控制方程。对于牛顿流体，可以通过控制体的作用力平衡得到动量方程。其中，除切线方向和法线方向的应力以外，还需要考虑压力和体积力，因此其形式也稍微有些复杂。

x 方向速度分量 $\boldsymbol{u}$ 的动量方程可表示为

$$\frac{\partial}{\partial t}(\rho\boldsymbol{u})+\mathrm{div}(\rho\boldsymbol{u}\boldsymbol{u})=\mathrm{div}(\nu\mathrm{grad}\boldsymbol{u})-\frac{\partial p}{\partial x}+B_x+V_x \tag{2.9}$$

式中，ν 表示黏性系数；p 表示压力；B_x 表示 x 方向的体积力；V_x 表示右边第一项以外的黏性项。

采用这样的表示不仅是为了按照方程式中各项的物理意义定义，更是为了在归纳一般形式的控制方程（2.11）的过程中，需要统一各项的书写形式。因此，式（2.9）中简单地采用 B_x 和 V_x 所表示的内容，实则包含着具有重要意义的项目内容。

2.1.4　质量守恒

在描述流体运动的方程中，已经出现密度和压力梯度，但还未涉及二者是如何确定的。流体的密度与温度 [由能量方程式（2.5）或式（2.7）决定] 和化学组分的质量分数 [由式（2.4）决定] 有关。另一方面，局部的压力梯度作为流体运动的驱动力而起作用，但是流体需要保证质量守恒，即受到连续假说的限制。如此一来，对于控制体内的流体，控制体的净流出质量与控制体内质量随时间的变化保持平衡。即以下方程成立

$$\frac{\partial\rho}{\partial t}+\mathrm{div}(\rho\boldsymbol{u})=0 \tag{2.10}$$

如果假设密度恒定，则 $\mathrm{div}\boldsymbol{u}=0$。

2.1.5 通用微分方程

对比迄今为止看到的化学组分物质守恒式、能量方程、动量方程，并再次注意观察质量守恒式的形式。为了让大家充分了解其特征，各方程都是用矢量形式表示的，方程左面的两项的形式非常相似，右边第 1 项中只是系数发生变化，究其本质形式仍是相同的（即使是质量方程式，也可以看作系数为 0 的形式）。因此，对于一般的因变量，采用“ϕ”这个符号表示，其一般形式可写为

$$\frac{\partial}{\partial t}(\rho\phi)+\mathrm{div}(\rho\boldsymbol{u}\phi)=\mathrm{div}(\Gamma\mathrm{grad}\phi)+S \tag{2.11}$$

式中，Γ 为扩散系数；S 为源项。

这些名称，不必与其真实的物理意义相对应。例如，对于动量方程式（2.9）而言，Γ 对应黏性系数，S 则包含了式（2.9）右边的第 2 ~ 第 4 项，实际操作中它包含了除右边第 1 项以外的所有项，其中甚至包含了黏性项。

对于上述各项而言，相对于其物理意义，应更加重视其构成形式，目的是要构成一个通用微分方程。这与今后要学习的数值解法及其程序化有关。即确立式（2.11）的数值解法，将其编写为程序后，当我们解决各类问题，处理需要求解的其他各个方程式时，对应方程式的各项（包括 S 项）的内涵虽然各有不同，但其形式是相同的，这一点便于我们采用相同程序进行计算。事实上，这里没有提到的湍流能量的消散率，或者把浓度变动的大小作为从属变量的方程式，也可以在形式上用一般形方程式来表示。所以，使用一般从属变量构成一般形控制方程式，在制作通用程序中是非常有效的方法。

通用方程的四个项，分别根据其代表性特征，被称为不稳定项（也称为时间项，瞬态项）、对流项、扩散项和源项。如果遇到需要求解的微分方程，则只用关注其形式，以及与一般形方程式各项的对应关系，并将无法对应的项全部包含在源项 S 中进行处理就行了。

至此为止，将矢量形式的方程式改写为张量形式

$$\frac{\partial}{\partial t}(\rho\phi)+\mathrm{div}(\rho u_i\phi)=\mathrm{div}(\Gamma\mathrm{grad}\phi)+S_i \tag{2.12}$$

这种表达方式，对于以下章节中出现的一维问题，只需去掉角标即可以使用，是一种极其易于理解的方法。

2.1.6 时间平均方程和非定常方程

流体流动的方式根据速度和黏度的大小可分为层流和湍流。如果流动是湍流，则其流动中的某个点处的流速每时每刻都在发生变化。这是由于流体以涡的形式运动，并且涡的空间尺度（大小）和波动的周期尺度（大小及转速的变化周期）通常是广泛分布的。因此，湍流是一种不稳定现象。以上，我们所看到的控制方程，无论对于层流还是湍流都是成立的，当我们将上述方程应用于一般的湍流，并实施数值分析时，程序必须具备能够捕捉湍流中最小涡流尺度特征的空间分辨能力，还需要能够反映涡流中最小周期特性的时间分辨能力。这样大规模的计算现在仍然是数值流体动力学领域最前沿的主题之一，很多专家还在为之努力钻研，在工程上还很难达到实际应用的水平。

事实上，当我们处理湍流时，很多情况下，不必完全知道上述的涡流运动中极其细微的波动，通常只要知道其平均时间就足够了。如果认为湍流在平均值附近有急剧变化，则采用适当的时间（这个时间比湍流波动的时间尺度长得多，却又是一个相对短的时间），在这个时间段内，平均值会消除波动，但可以提取平均值的变化。我们在此处使用非稳态这个词的意义，是指比平均值时间段尺度大得多的时间段上的变化。因此，根据时间平均的结果，将随时间不变的湍流场定义为稳态湍流，将随时间变化的湍流定义成非稳态湍流。

关于控制方程式的时间平均方程，我们将在第 5 章中详细叙述推导的结果。其结果如果仅从形式上看，和上述式（2.4）、式（2.5）和式（2.9）的形式完全相同。本书在处理湍流问题时，采用时间平均方程。这样一来，虽然关于湍流的各个变化的信息会有丢失，但是为了知道平均值的变化，所需的空间 / 时间分辨率不需要设定得很小，这使得数值分析所需的计算机内存和计算时间变得足够小，可以用来处理实际问题。

2.2 离散化方程

2.2.1 离散化的意义

在上节我们导出了关于传热和流动的速度、温度和浓度等特性的数学表达式，即导出了这些参数能够满足守恒的方程。由于这些物理量是用微分方程表示的，所以如果我们能够直接求得微分方程的解析解，就可以一目了然地得到当前目标场的速度、温度和浓度的分布。但是，由于式（2.4）、式（2.5）和式（2.9）都包含有非线性项，除非在非常特殊的条件下，通常不容易获得解析解。我们也容易理解，目标场作为一个广大的区域，其中速度、温度和浓度的分布必然会比较复杂，因此难以求出能用函数形式表示的这些物理量的解。现在，我们再一次回顾守恒方程式来考虑导出守恒方程时分析过的控制容积。结论是：守恒方程既能表达该现象整体并支配整个对象区域；同时，也应该能适用于其中任意一小部分的控制容积。如果控制容积足够小，即使将控制容积内部量的变化视为线性或恒定的，也不会出现较大的误差。回想一下，复杂的曲线可以通过大量的折线来近似，用小方块瓷砖拼制的马赛克壁画可以表现出足够平滑的曲线，这些都能帮助我们理解上述内容。因此，如果将目标区域分割成大量的控制容积，在每个控制容积内进行线性化近似，就可以得到守恒方程的解。这个解，在控制容积内可以认为近似于解析解。换句话说，可以使用任意一个控制容积的代表点处的因变量的值，以及相邻控制容积的代表点处的因变量的值，来表示控制容积内的因变量的变化。

这样，将微分方程（表示连续分布的因变量的信息）改写为代数方程（表示在控制容积代表点处因变量的不连续的点值）的过程被称为方程的离散化，由此导出的代数方程称为离散化方程。

2.2.2 离散化方程的精度

由于离散化方程是从微分方程导出的，因此它所表示的物理现象与微分方程表示的物理现象一致。并且，离散化方程是表示某个网格点（控制容积的代表点）及其附近的几个网格点之间的代数关系，因此控制容积中的假定因变量的分布形状由这些网格点的数量确定。以一维问题为例，就有多种方法，比如可以在某个网格点两侧各取一个点或者各取两个点，或者在流场的上游侧取两个点而在流场的下游侧取一个点。通常，使用大量网格点的离散化方程会更精确，随着目标区域中排列的网格点数量的增加，网格间距会变小且表达的准确性会提高，因此，假设使用的分布形式逐渐变得不那么重要了。

虽然所得到的离散方程的形状根据假定的分布形状和离散方法的不同而产生不同，但是在任何情况下，随着布置出的网格点数目的增加，该代数解都会变得更接近于原始微分方程的精确解。

2.2.3 基于控制容积的离散化

差分法使用泰勒级数定式进行离散化。结果表明，通过该方法求出的差分方程满足网格点附近的微小区域的平衡（守恒）。乍看之下得到的离散化方程采用了差分方程的形式，但我们使用的公式化方式是利用控制容积代替了泰勒级数来制定的。将需要计算的区域分割成大量的控制容积，把控制容积中心点设为网格点，对每一个控制容积的微分方程进行积分。如果反过来考虑遵循控制容积的守恒定律导出微分方程的过程，可以理解为：通过积分得到的离散化方程表达了控制容积的守恒定律。因此，通过基于控制容积的定式化推导得到的离散化方程，表达了具有有限容积的控制体的守恒定律，也可以说控制体的守恒定律的解就是离散化方程的解。而且它对于任何控制容积都适用，因而也可以保证它对整个计算区域都适用。

2.2.4　控制容积的体积

在后面的章节中将根据各种实际问题描述基于控制容积的微分方程的离散化实例，在此，先总结一下各种计算区域的几何特性和控制容积的体积的关系。

当考虑壁面和平板中的热传导时，仅考虑垂直于表面的方向上的温度分布，通常将其视为所谓的一维问题。这种情况下的控制容积如图 2.2a 所示，仅考虑在关注方向上的微小长度 Δx，而在其他两个方向上看作单位长度，因此控制容积的体积为 $\Delta x \times 1 \times 1$。

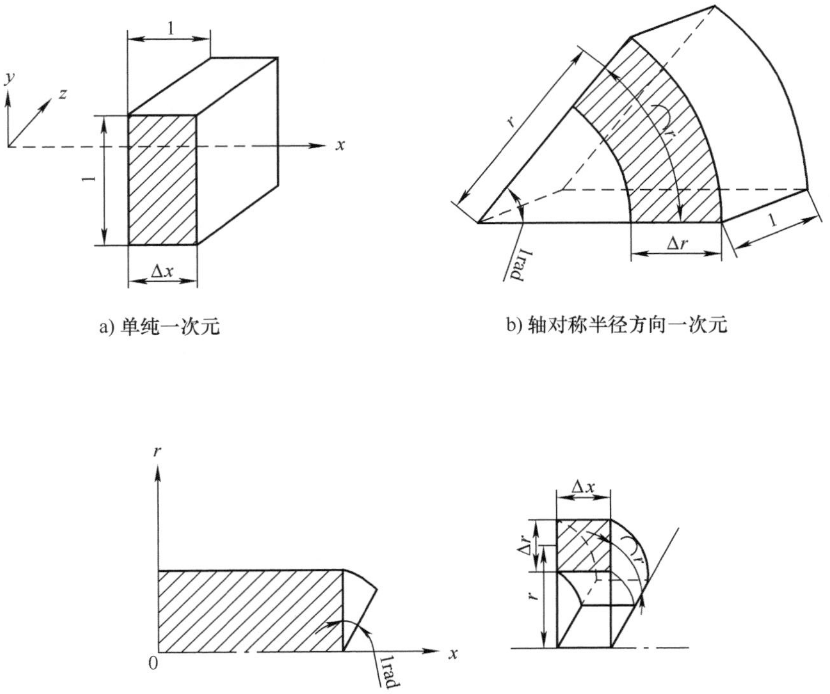

a) 单纯一次元　　b) 轴对称半径方向一次元

c) 轴对称二次元

图 2.2　控制容积的体积

对于包裹在圆形长管上的绝热材料，可以将其在径向上的热传导看作是轴对称的一维问题。如图 2.2b 所示，考虑到这种情况的控制容积是中心角为 1rad 的扇形，随着半径 r 变化而变化，因此控制容积的体积为 $r\times\Delta r\times 1$。

笛卡儿坐标系中的二维和三维问题决定于因变量的变化是二维还是三维。在二维问题的情况下第三个方向没有变化，所以控制容积的体积为 $\Delta x\times\Delta y\times 1$，在三维问题的情况下，如图 2.1 所示，控制容积的体积为 $\Delta x\times\Delta y\times\Delta z$。

实际上，例如管内流，有很多问题作为二维轴对称问题进行处理。在这种情况下，我们想知道的是图 2.2c 阴影中的 $x-r$ 平面内的分布。考虑到与上述一维问题的情况一样，把 θ 方向上 1rad 作为基准，所以控制容积的体积为 $\Delta x\times\Delta r\times r$。应当注意，流量是流过圆管的总流量的 1/2π，这是因为轴对称的二维问题针对的是 1rad 的扇形而不是整个圆周。当然在圆柱坐标系的三维问题中，控制容积的体积为 $\Delta x\times\Delta r\times r\Delta\theta$。

第3章

热传导的数值解析法

第 2 章对传热和流动现象进行了数学描述。我们发现，所关注的传热和流动的各个特性，可以统一用一个通用的微分方程来表达。自本章起，我们将针对这些数学表达式，讨论实际的求解方法（即数值解析法），并展示求解方法的具体步骤。

3.1 非稳态一维热传导的控制方程与离散化

固体内的热传导无须考虑密度变化和流动，因此一般形式守恒式（2.11）左边第二项可以省略，即恢复成式（2.8）。其一维形式的表达如式（3.1）。

$$\rho c\frac{\partial T}{\partial t}=\frac{\partial}{\partial x}\left(\lambda\frac{\partial T}{\partial x}\right)+S_h \tag{3.1}$$

另外，对于一维轴对称问题，半径方向的表达式为

$$\rho c\frac{\partial T}{\partial t}=\frac{1}{r}\frac{\partial}{\partial r}\left(r\lambda\frac{\partial T}{\partial r}\right)+S_h \tag{3.2}$$

式中，T 是温度；ρ 是密度；c 是比热容；λ 是导热系数；S_h 是单位体积的热发生率。

如果是稳态问题，式（3.1）和式（3.2）的左边为零。

为了导出方程式（3.1）的离散化方程式，如图 3.1 所示，我们先定义控制容积和一系列的网格点。定义方法有两种，一种是网格点取在控制容积中心，另一种是控制容积的检查面取在两个网格点的中点处。在导出离散化方程式时，无论哪一种都不会发生问题。假定 ρc 恒定，在时间间隔 Δt 内，可以得到

$$\underbrace{\frac{\rho c}{\Delta t}\int_w^e\int_t^{t+\Delta t}\frac{\partial T}{\partial t}\mathrm{d}t\mathrm{d}x}_{\text{非稳态项}}=\underbrace{\frac{1}{\Delta t}\int_t^{t+\Delta t}\int_w^e\frac{\partial}{\partial x}\left(\lambda\frac{\partial T}{\partial x}\right)\mathrm{d}x\mathrm{d}t}_{\text{传导项}}+\underbrace{\frac{1}{\Delta t}\int_t^{t+\Delta t}\int_w^e S_h\mathrm{d}x\mathrm{d}t}_{\text{生成项}} \tag{3.3}$$

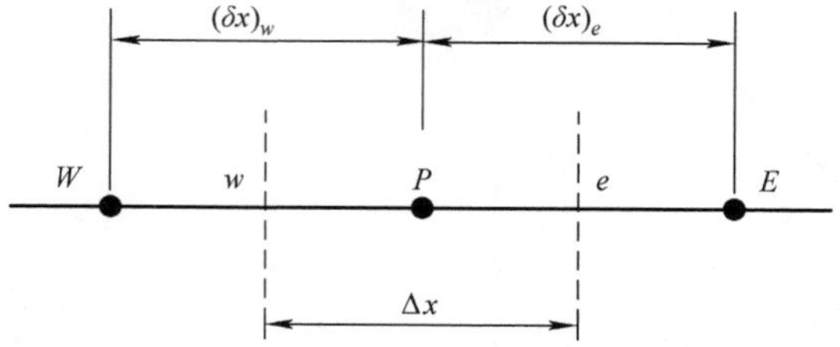

图 3.1　一维问题中的网格点和控制容积

非稳态项

$$\frac{\rho c}{\Delta t}\int_{w}^{e}\int_{t}^{t+\Delta t}\frac{\partial T}{\partial t}\mathrm{d}t\mathrm{d}x=\rho c\frac{\Delta V}{\Delta t}(T_P^n-T_P^o) \tag{3.4}$$

传导项

$$\begin{aligned}&\frac{1}{\Delta t}\int_{t}^{t+\Delta t}\int_{w}^{e}\frac{\partial}{\partial x}\left(\lambda\frac{\partial T}{\partial x}\right)\mathrm{d}x\mathrm{d}t\\&=\frac{1}{\Delta t}\int_{t}^{t+\Delta t}\left\{\frac{\lambda_e(T_E-T_P)}{(\delta x)_e}-\frac{\lambda_w(T_P-T_W)}{(\delta x)_w}\right\}\mathrm{d}t\\&=f_t\left\{\frac{\lambda_e(T_E-T_P)}{(\delta x)_e}-\frac{\lambda_w(T_P-T_W)}{(\delta x)_w}\right\}^n+\\&(1-f_t)\left\{\frac{\lambda_e(T_E-T_P)}{(\delta x)_e}-\frac{\lambda_w(T_P-T_W)}{(\delta x)_w}\right\}^o\end{aligned} \tag{3.5}$$

生成项

$$\begin{aligned}&\frac{1}{\Delta t}\int_{t}^{t+\Delta t}\int_{w}^{e}S_h\mathrm{d}x\mathrm{d}t=\{f_tS_h^n+(1-f_t)S_h^o\}\Delta V\\&=[f_t\{S_c+S_P\cdot T_P\}^n+(1-f_t)\{S_c+S_PT_P\}^o]\Delta V\end{aligned} \tag{3.6}$$

式中，大写的下角标 P、E 和 W 分别表示因变量 T 的定义网格点 P 和相邻网格点；小写的下角标 e 和 w 表示控制容积的检查面；上角标 o 和 n 分别表示 t 时刻以及 $t+\Delta t$ 时刻；f_t 是与时间相关的权重系数，取 0 ~ 1 之间的值。

$f_t=0$ 称为阳解法，$f_t=0.5$ 称为克兰克尼科尔森法，$f_t=1$ 称为完全阴解法。这里以完全阴解法为例进行讨论。另外，我们对式（3.6）中的源项进行线性化处理，假设源项随定义网格点处温度 T_P 线性变化。这种变化对于保持数值计算的稳定性非常有效。当源项的形式非常复杂时，其线性化处理将在第 5 章中进行详细讨论，还可以参考文献 [1]。

当 $f_t=1$ 时，将式（3.4）、式（3.5）、式（3.6）代入式（3.3），整理后得到如下式

$$a_PT_P=a_ET_E+a_WT_W+b \tag{3.7}$$

式中

$$a_E=\frac{\lambda_e}{(\delta x)_e} \tag{3.8a}$$

$$a_W = \frac{\lambda_w}{(\delta x)_w} \tag{3.8b}$$

$$b = S_c \Delta V + a_P^o T_P^o \tag{3.8c}$$

$$a_P = a_E + a_W + a_P^o - S_P \Delta V \tag{3.8d}$$

$$a_P^o = \frac{\rho c \Delta V}{\Delta t} \tag{3.8e}$$

3.2 网格点排列

方程式（3.8）中出现的 $(\delta x)_e$ 和 $(\delta x)_w$，如前所述，不必取相等的值。也就是说，计算区域的控制容积以及网格点的排列不必等距。相反，从数值计算的立场来看，希望各控制容积计算过程的误差在整个区域内尽可能均等，这与所要求解的因变量（此处为温度 T）的变化息息相关。在温度分布完全未知的情况下，我们无法确定如何排列网格点。不过可以通过初步粗精度的计算来确定温度分布的倾向，再对温度变化较为剧烈的区域增大网格密度。但是，不等距网格没有一定规则，这里首先必须记住，对于不同的问题需要采用不同网格点的排列。

对于确定控制容积 *he* 网格点的排布，有两种方法。

方法 A：首先划分计算区域的网格点，再将网格点中点处设置为控制容积的检查面。

方法 B：首先划分控制容积，再将控制容积的中心处设置为网格点。

对于方法 A，可以准确计算检查面的热流量。但是当采用非均匀网格时，网格点会偏离控制容积的中心处。因此，以网格点处的温度代表控制容积的温度，并不完全准确，会带来一些误差。

另一方面，对于方法 B，网格点一定处于控制容积的中心处，以网格点处的温度代表控制容积的温度，完全合适。但是，对于检查面处的热流量计算而言，由于检查面并非绝对处于网格点中点上，因此需要较为复杂的内插计算。此外，本解析法是以控制容积作为一个单位考虑物质（能量）进出的平衡。方法 B 先处理控制容积，这样更方便。进一步，对于多维问题，经常需要改变边界条件。方法 B 可以通过调整使检查面保持一致，从而有效地避免检查面处边界节点的不连续性。

3.3 边界条件

对于一维计算，一旦控制容积和网格点划分完成，配置在边界上的控制容积必须与周围的控制容积，以及整个计算区域协调一致，这就是所谓的边界条件。导热问题中的典型边界条件有：

1）给定已知边界温度。

2）给定通过边界面的热流量。

对于后者而言，包含热流量本身的值已知的情况，以及根据环境条件首先计算出热流量，再将其作为边界条件的情况。

对于计算域，有先设置网格点（方法 A）和先设置控制容积（方法 B）这两种方法，它们在处理边界的方法上存在些许差异。对于方法 A，首先设置网格点，网格点间的中点处设置控制容积的检查面，如图 3.2 所示，会产生“半控制容积”这种特殊的控制容积。代表该半控制容积的网格点 B，存在于与计算区域的边界一致的控制容积检查面上。因此，假设边界点 B 的温度 T_B 已知，那么就不需要求解 B 点周围的半控制容积面温度，而对于 I 点之后的网格点，使用普通的离散化方程求解即可。

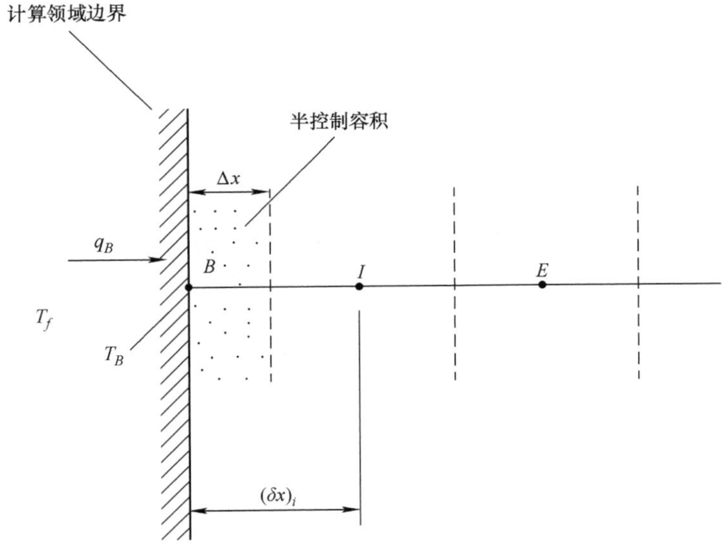

a) 方法A的边界处理方法

图 3.2　边界网格及节点的配置

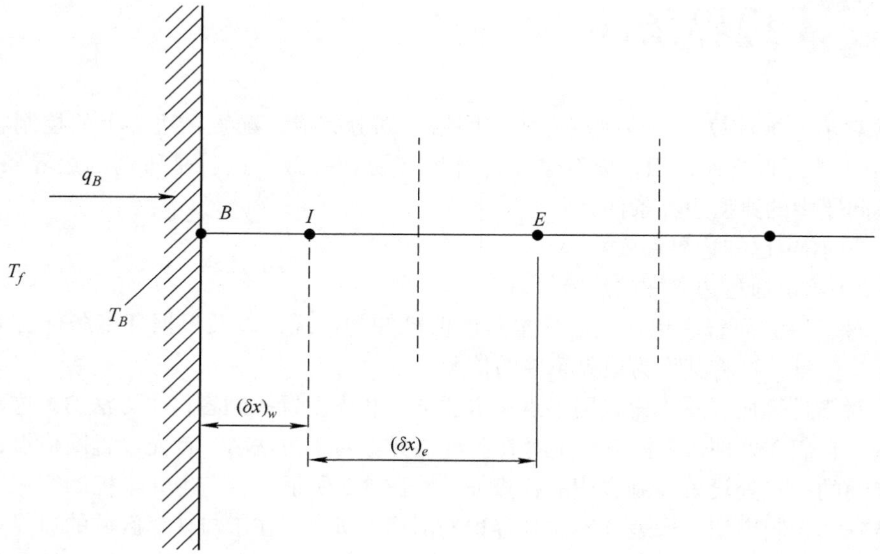

b) 方法B的边界处理方法

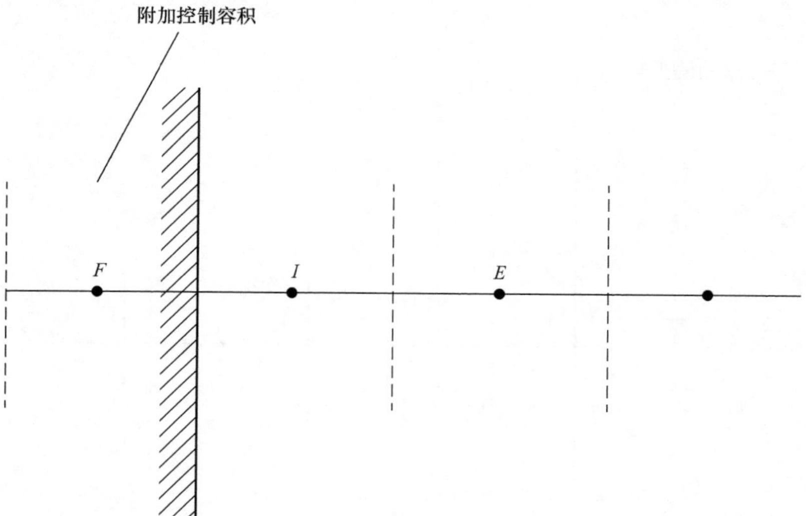

c) 方法B的附加控制容积

图 3.2　边界网格及节点的配置（续）

对于给定边界面的流入热流量 q_B 的情况，需要对半控制容积建立离散化方程来求解温度 T_B，考虑到边界点 B 左侧没有网格点，所以改写式（3.7）如下

$$a_B T_B = a_I T_I + b \tag{3.9}$$

式中

$$a_I = \frac{\lambda_i}{(\delta x)_i} \tag{3.10a}$$

$$a_B^O = \frac{\rho c \Delta x}{\Delta t} \tag{3.10b}$$

$$b = S_c \Delta x + a_B^O T_B^O + q_B \tag{3.10c}$$

$$a_B = a_I + a_B^O - S_P \Delta x \tag{3.10d}$$

流入的热流量 q_B 取决于传热系数 h 和环境流体温度 T_f，可表达为

$$q_B = h(T_f - T_B) \tag{3.11}$$

如果将源项 S 做 $S = S_c + S_P T_P$ 这样线性化的处理，式（3.10c）、式（3.10d）可以转化为下式

$$b = S_c \Delta x + a_B^O T_B^O + h T_f \tag{3.10c$'$}$$

$$a_B = a_I + a_B^O - S_P \Delta x + h \tag{3.10d$'$}$$

接下来，根据方法 B 将控制容积配置在计算区域中，如图 3.2b 所示，计算域用普通的控制容积填满。但与边界相接的控制容积的网格点 I 不再存在于边界表面上，因此，当已知边界点温度 T_B 时，温度 T_B 不再是点 B 的温度，而是网格点 I 的控制容积的检查面上的温度。在这种情况下，如果将 BI 之间的距离视为 $(\delta x)_w$，$T_W = T_B$，则可以正常地适用于式（3.7）和式（3.8）。

对于给定边界面的流入热流量 q_B 的情况，根据网格点 I 的控制容积的离散化方程，解出 T_I 即可。也就是

$$a_I T_I = a_E T_E + b \tag{3.12}$$

式中

$$a_E = \frac{\lambda_e}{(\delta x)_e} \tag{3.13a}$$

$$a_I^O = \frac{\rho c \Delta x}{\Delta t} \tag{3.13b}$$

$$b = S_c \Delta x + a_I^O T_I^O + q_B \tag{3.13c}$$

$$a_I = a_E + a_I^O - S_P \Delta x \tag{3.13d}$$

如果 q_B 由式（3.11）给出，式（3.10c′）和式（3.10d′）做相同变换即可。

除上述方法外，如图 3.2c 所示，在计算区域外再布置一个网格点 F，使得计算边界面变为网格点 F 和 I 之间的检查面。如此一来，可以给出相同的边界条件。关于这种方法将在 5.3 节进行介绍。

3.4 控制容积检查面上的导热系数

本节将讨论导热系数随温度剧烈变化的情况。例如，讨论不同材料的层压板，不同区域导热系数也随之变化的问题。因此，本节与计算域中导热系数始终恒定的问题无关。

考虑如图 3.3 所示的一系列网格点。在数值计算过程中，我们能知道的是网格点 W、P、E 上的温度。因此，当导热系数是随温度变化的函数时，还可以算出每个网格点的导热系数，但是从离散方程式（3.7）可以看出，我们需要的是控制体积检查面 w 和 e 的导热系数。另外，在图 3.3 中，当检查面 e 正好处在不同材料的接触面时，如何表示 e 处的导热系数是一个重要的问题。例如，使用网格点 P 和 E 的值 λ_p、λ_e 的算术平均值来表示检查面 e 处的导热系数 λ_e 是不合适的。特别是对于导热系数特别低的物质，这种问题更加凸显。

这里，我们推荐通过调和平均计算检查面 e 处的导热系数，即

$$\frac{(\delta x)_e}{\lambda_e}=\frac{(\delta x)_{e-}}{\lambda_P}+\frac{(\delta x)_{e+}}{\lambda_E} \tag{3.14}$$

如此一来，如果 $\lambda_E=0$，那么 $\lambda_e=0$，检查面 e 上的热流量也就是 0。

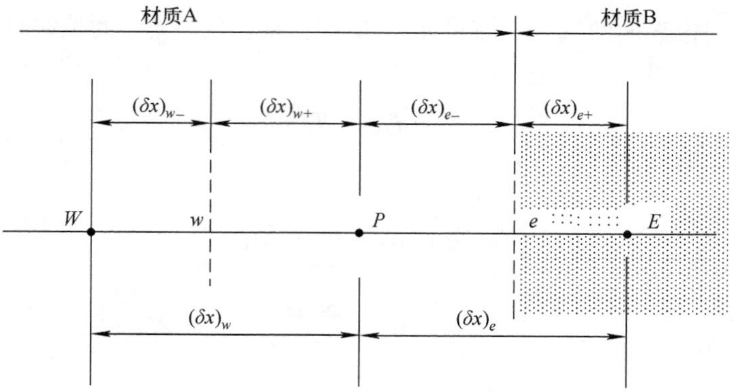

图 3.3　不连续面处的材料物性参数和控制容积

第 4 章

一维热传导计算实例

对于第 3 章所讲述的有关热传导的问题，本章给出具体事例的实际计算，以加深理解。

4.1 半无限固体内的非定常一维热传导

4.1.1 解析解

如图 4.1 所示，假设右边存在一个半无限大固体。从某一时刻 $t = 0(\mathrm{s})$ 开始，与左边的热源相接触。对于这一情况，只存在 x 方向的热传导问题。单位时间内通过单位面积的热量 $\dot{q}[\mathrm{J/(m^2 \cdot s)}]$，与 x 方向的温度梯度 $\partial T / \partial x$ 成比例，比例系数假定为 $\lambda[\mathrm{W/(m \cdot K)}]$。热量的流动方向与温度梯度方向相反。比例系数 $\lambda[\mathrm{W/(m \cdot K)}]$ 与固体材料有关，被称为物质的导热系数。一般情况下，导热系数是温度的函数，但为了讨论方便，在此假定其为常数。考虑相距 $\mathrm{d}x$ 的两个与 x 轴相垂直的平面，通过这两个平面的热量差会引起这部分的温度上升，用公式表示如下

$$\rho c \frac{\partial T}{\partial t} = \frac{\partial}{\partial x}\left(\lambda \frac{\partial T}{\partial x}\right) \tag{4.1}$$

式中，ρ 为该物质的密度（$\mathrm{kg/m^3}$）；c 为比热容 $[\mathrm{J/(kg \cdot K)}]$。

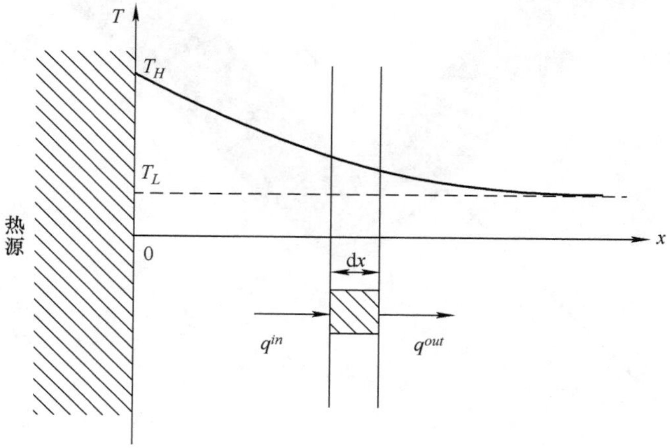

图 4.1　半无限固体内的热传导

另外，由于假设 λ 为常数，式（4.1）可简化为

$$\frac{\partial T}{\partial t}=\kappa\frac{\partial^2 T}{\partial x^2} \tag{4.2}$$

在这种情况下，$\kappa(=\lambda/\rho c)[\mathrm{m^2/s}]$ 被称为热扩散率。当固体内不存在热源时 $(S_h=0)$，式（3.1）即为式（4.1）。

式（4.2）在一定条件下可以得到解析解。式（4.2）是关于时间 t 的 1 阶、关于 x 的 2 阶偏微分方程。为了得到解析解，需要一个初始条件和两个边界条件。假设一开始固体的温度为 T_L。在接触到热源之后，接触面的温度恒定为 T_H，固体无限远端的温度依然等于 T_L。

所以，初始条件为

$$\text{当 } t=0(\mathrm{s}),\ T=T_L(\mathrm{K}) \tag{4.3a}$$

边界条件为

$$\text{当 } x=0(\mathrm{m}),\ T=T_H(\mathrm{K}) \tag{4.3b}$$

$$\text{当 } x=\infty(\mathrm{m}),\ T=T_L(\mathrm{K}) \tag{4.3c}$$

此时，可以得到式（4.2）的解析解为

$$\frac{T-T_L}{T_H-T_L}=1-\mathrm{erf}\left(\frac{x}{2\sqrt{\kappa t}}\right) \tag{4.4}$$

$\mathrm{erf}(\eta)$ 为误差函数。因此，式（4.4）给出了任意位置 x 处 t 时刻的温度 T。利用通过数值分析得到的上述问题的解析解，再与数值解对比，是深入斟酌和改善数值计算法本身的有效性的方法。

在这个问题上，随着时间变化，热量在固体内传导，温度上升的区域逐渐增大。这个区域范围，被称为温度渗透厚度。如果对误差函数进行计算，可以发现当 $x/2\sqrt{\kappa t}\geqslant 2$时，式（4.4）的右侧小于 0.005，之后的固体温度上升几乎可以忽略不计，也就是说在这个范围内，固体温度等于初始温度 T_L。因此，即使对于有限厚度的固体，在加热开始后的一段时间内，也可以作为半无限大固体进行处理：

$$x\geqslant 4\sqrt{\kappa t} \tag{4.5}$$

4.1.2 数值解

接下来，考虑对式（4.2）进行数值计算。

【例题 1】将长时间放置在温度为 $T_L=300\mathrm{K}$（27℃）的大气中，厚度为 0.2m

的平板的一面，与温度为 $T_H = 500\text{K}$ 的热源接触时，求出 20s 后平板内厚度方向的温度分布。其中，与热源相接触的接触面的温度始终等于 T_H。另外，平板的导热系数 λ、密度 ρ、比热容 c 均为恒定，各取值如下：$\lambda = 237.0\text{W/(m}\cdot\text{K)}$，$\rho = 2688\text{kg/m}^3$，$c = 905.0\text{J/(kg}\cdot\text{K)}$。

在这个例子中，通过方法 A 在计算区域中排列网格点。如图 4.2 所示，在计算区域的两个边界处的网格点 1 和 NI，与第 3 章所述相同，属于半控制容积的情况。在图中，对于第 I 个网格点，定义了计算所需的各种尺寸。

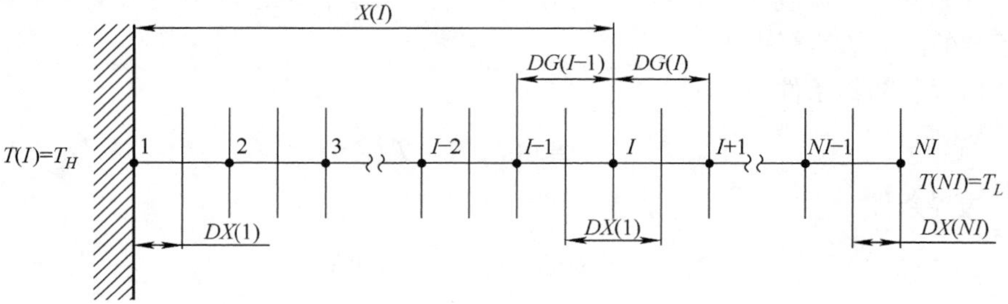

图 4.2　网格点的分布和距离的定义

在没有热量产生的情况下，离散化方程式（3.7）为

$$a_P T_P = a_E T_E + a_W T_W + a_P^o T_P^o \tag{4.6}$$

式中

$$a_P^o = \frac{\rho c \Delta v}{\Delta t} \tag{4.7a}$$

$$a_P = a_E + a_W + a_P^o \tag{4.7b}$$

对于第 I 个控制容积，可以得到相应的关系式，

$$AP(I) \times T(I) = AE(I) \times T(I+1) + AW(I) \times T(I-1) + AO(I) \times TO(I) \tag{4.8}$$

式（4.8）中各系数为

$$AE(I) = \lambda / DG(I) \tag{4.9a}$$

$$AW(I) = \lambda / DG(I-1) \tag{4.9b}$$

$$AO(I) = \rho \times C \times DX(I) / \Delta t \tag{4.9c}$$

$$AP(I) = AE(I) + AW(I) + AO(I) \tag{4.9d}$$

边界条件为温度恒定，因此当 $I = 1$ 时

$$T(1) = TO(1) = T_H \tag{4.10a}$$

$$AE(1) = AW(1) = 0.0 \tag{4.10b}$$

$$AP(1) = AO(1) = 1.0 \tag{4.10c}$$

对 $I = NI$ 也同样考虑的话

$$T(NI) = TO(NI) = T_L \tag{4.11a}$$

$$AE(NI) = AW(NI) = 0.0 \tag{4.11b}$$

$$AP(NI) = AO(NI) = 1.0 \tag{4.11c}$$

现在，我们需要对 NI 个方程组成的方程组进行联立求解。对于本例题的方程组的形式，TDMA（Tri-Diagonal Matrix Algorithm，三对角矩阵算法）方法十分有效。对于该计算法的原理，其他一些文献中进行了详尽阐述，具体参见文献 [1]，此处仅简单说明如下，在某一时刻，分为 5 步，求出平板内的一维温度分布：

- 设 $P_1 = AE(1)/AP(1)$，$Q_1 = AO(1) \times TO(1)/AP(1)$
- 根据式 $P_i = AE(I)/\{AP(I) - AW(I) \times P_{i-1}\}$

  $Q_i = \{AO(I) \times TO(I) + AW(I) \times Q_{i-1}\}/\{AP(I) - AW(I) \times P_{i-1}\}$
- 按照 $I = 2$，3，…，NI 的顺序进行计算
- 设 $T(NI) = Q_{NI}$
- 按照 $I = NI - 1$，$NI - 2$，…，3，2，1 的顺序计算 $T(I) = P_i \times T(I+1) + Q_i$

在这个问题中，由于材料参数都是常数，所以不需要因为温度变化而重新计算材料参数，所获得的温度分布，也不需要进行迭代计算。

4.1.3　程序“EXA-1”的解析

附录 A 为计算例题 1 的程序 EXA-1，该程序是使用 C 语言进行编写的，其程序结构将在后面进行说明。此程序是理解后面将要说明的程序 EXA-2 和 SUNSET-C 的基础。该程序的各章与其他程序中的子函数相对应，下面阐述所执行的内容。

CHAPTER 0 PRELIMINARIES

通过 DATA 子程序，对各种变量的存储区域进行设定，并对控制容积、材料参数以及与问题相关的各个参数进行赋值。

- CHAPTER 1 INITIALIZATION：设定网格点坐标以及初始温度分布，指定开始加热的时间。
- CHAPTER 2 ITERATION LOOP FOR A TIME STEP：将计算推进一个时间步长。

• CHAPTER 3 ASSEMBLE COEFFICIENTS：对离散化方程式（4.8），求出第 I 个控制容积中的各系数，求解式（4.9）。

• CHAPTER 4 BOUNDARY CONDITIONS：关于两端的半控制容积，通过式（4.10）和式（4.11）指定恒定温度边界条件。

• CHAPTER 5 SOLVE EQUATIONS BY TDMA：通过 TDMA 对 NI 个方程进行联立求解。

• CHAPTER 6 PREPARATION FOR THE NEXT TIME STEP：为了计算下一时刻，将现在的温度分布保存为过去的温度分布。

• CHAPTER 7 PRINT OUT AND TERMINATION：最终结果的输出和程序的结束。

例题 1 所需的设定，已经在程序第 0 章的 DATA 子函数中进行了输入，所以只需运行此程序，就能直接得到计算结果。程序的输出结果在附录 A 程序最后。可以发现，对于 200mm 厚的平板，配置 11 个网格点所得到的数值解与解析解一致，计算已具有足够的精度。改变网格个数和时间步长，研究它们对于所获解精度的影响也是有效的。

4.2 伴随热源的稳态一维热传导

4.2.1 材料参数的温度依存性和表面传热

在 4.1 节中，我们对一定物性值的固体内的非稳态热传导进行了计算，这相当于一般守恒方程 [式（2.12）] 的对流项和生成项为零的情况。通过实际的程序，对离散方程的系数及其意义、一维离散化方程组的 TDMA 求解，以及非稳态问题的时间更新方法等基本问题进行了说明。本节中，我们将以包含生成项的情况为例，考虑导热系数不连续的面和材料参数的温度依赖性的影响。

【例题 2】在无限长的外径 360mm，内径 140mm 的保护管内，同轴内置直径为 140mm 的发热体，发热体的热发生率为 $1\times10^6(\mathrm{W/m^3})$，导热系数为 $\lambda_1 = 2.84 + 0.0105T$ [W/(m · K)]，保护管的导热系数为 $\lambda_2 = 102.8 - 0.070T$ [W/(m · K)]，管周围以流速 10m/s 流过高温空气，温度为 500K。求从发热体中心到保护管外表面的径向温度分布。其中，空气的导热系数和动力黏度系数恒定不变，分别为 $\lambda_a = 7.24\times10^{-3} + 6.36\times10^{-5}T$ [W/(m · K)]，$v_a = -2.692\times10^{-6} + 1.368\times10^{-8}T\ (\mathrm{m^2/s})$，其中 T 表示温度（K）。

如图 4.3 所示，该问题属于轴对称半径方向上的一维稳态导热问题，包括发

热 [一般守恒方程式（2.12）中的生成项] 和导热系数不连续的面。如果仅是如此，则与例题 1 类似，对一维离散方程组进行联立求解，即可得到温度分布，并不需要进行迭代计算。但是在本例题中，包含了材料参数的温度依存性。另外，由于需要通过保护管外表面的温度计算边界热流，因此需要先对未知的温度分布进行假设。所以，计算得到的结果如果与假定值不相等，则说明假定的值并不是真实解，需要对其进行修正计算。在本例题中，对材料参数故意设定了和实际材料没有直接关系的值，是为了凸显迭代的收敛过程和效果。

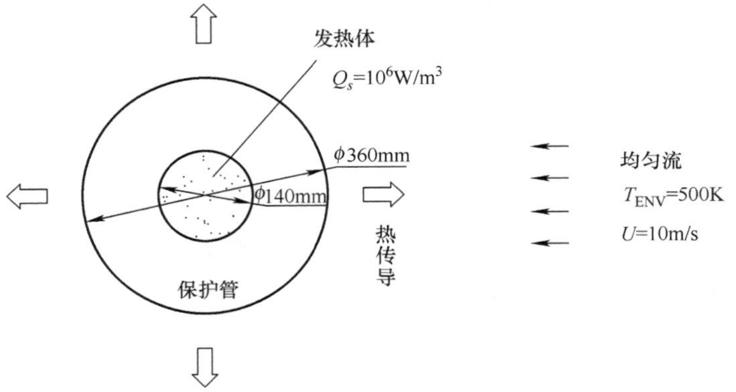

图 4.3　伴随发热和对流传热的稳态热传导

对于本例题，采用方法 B 来配置网格点。从图 4.3 可以看出，该计算区域的一个边界是对称轴，因此如图 3.3 所示，优先在计算区域之外放置一个网格点，即图 4.4 中所示的。由于轴对称的条件，网格点 1 和 2 的所有量对应相等，对应对称轴的检查面的热通量为零。而对于外侧边界处，需要给出热通量。为此，除了指定保护管表面温度 T_{SF} 以外，还要指定对流传热系数 h，以及周围空气温度 T_{ENV}。为了方便书写，将周围空气温度 T_{SF} 设置为温度 T_{NI}，而所需求解的与离散方程有关的控制容积只从 2 到第（$NI-1$）为止。

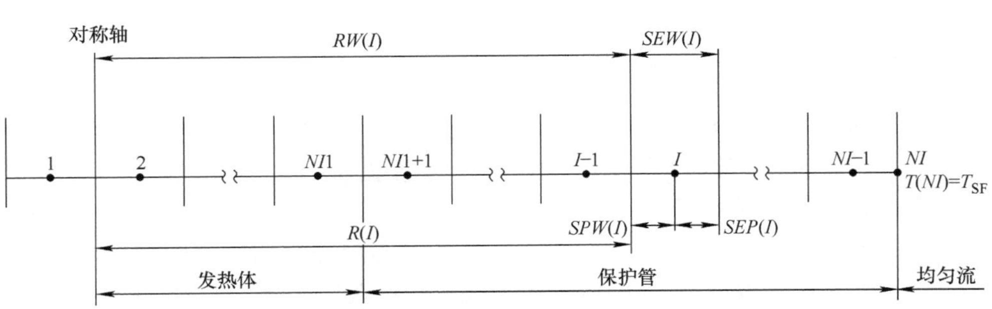

图 4.4　网格点阵列和距离的定义

对于圆柱体周围对流传热的计算，严格的计算方法相当复杂。本书主要着眼于说明数值分析方法，因此采用了简单的计算模型。

根据文献 [3]，在均匀流中与流速方向相垂直的圆柱表面的平均对流传热系数 $h[W/(m^2 \cdot K)]$ 可以表示为

$$h = Nu\lambda_a/D \tag{4.12}$$

式中，Nu 为努塞尔数，λ_a 为空气的导热系数，D 为圆柱直径。

努塞尔数又是雷诺数 Re 的函数

$$Nu = C_1 Re^{c_2} \tag{4.13}$$

当 $4\times10^4 \leqslant Re < 2.5\times10^5$ 时，$C_1 = 0.0239$，$C_2 = 0.805$。在计算雷诺数和对流传热时，需要考虑温度依存性的空气的材料参数，这里选用膜温度作为空气的代表温度

$$T_{\rm FILM} = (T_{\rm SF} + T_{\rm ENV})/2 \tag{4.14}$$

表面温度 $T_{\rm SF}$ 是通过使固体内的热通量和散热量的平衡来确定的，第（$NI-1$）个网格点和保护管表面的距离表示为 Δr_e，则

$$T_{\rm SF} = \frac{1}{\dfrac{\lambda}{\Delta r_e} + h}\left(\frac{\lambda}{\Delta r_e}T_{NI-1} + hT_{\rm ENV}\right) \tag{4.15}$$

所以，第（$NI-1$）个控制容积的外侧检查面（保护管表面）上的热通量 q 为

$$q = h(T_{\rm SF} - T_{\rm ENV}) = \frac{T_{NI-1}}{\dfrac{1}{h} + \dfrac{1}{\left(\dfrac{\lambda}{\Delta r_e}\right)}} - \frac{T_{\rm ENV}}{\dfrac{1}{h} + \dfrac{1}{\left(\dfrac{\lambda}{\Delta r_e}\right)}} \tag{4.16}$$

温度 T_{NI-1}，$T_{\rm SF}$，$T_{\rm FILM}$ 通过迭代计算进行更新，所以每次都必须要使用新的温度值来计算材料参数。

4.2.2 程序 EXA-2 的解说

本书最后的附录 B 为程序 EXA-2。程序的基本结构和 EXA-1 尽可能统一了写法，以便更好理解流程和各子函数的作用，计算流程如图 4.5 所示。在此将主程序的各章及各子程序的内容简述如下。

- CHAPTER 0 PRELIMINARIES：对各种变量的存储区域和控制参数进行设定，给定控制容积、材料参数，并指定了控制迭代计算，结果输出相关参数的值。

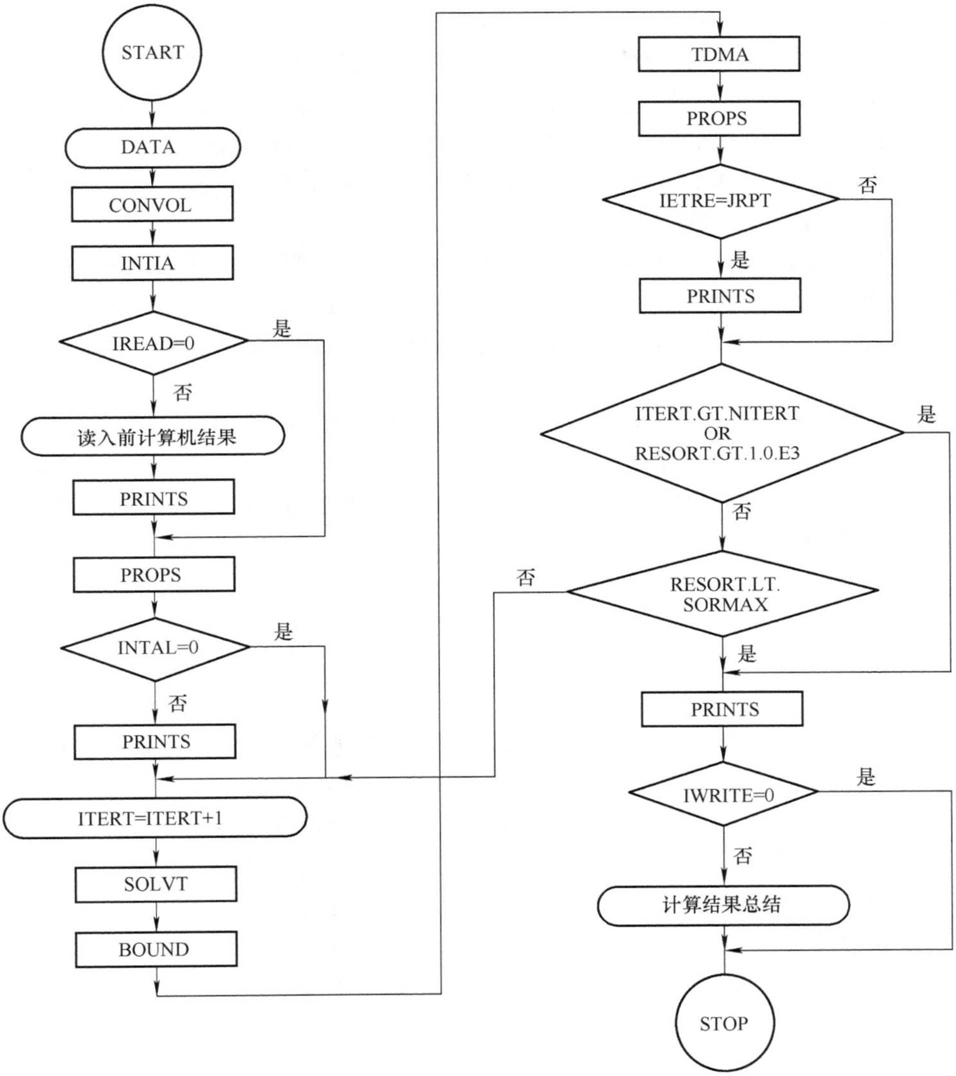

图 4.5　EXA-2 的计算流程图

- CHAPTER 1 INITIALIZATION：为了计算网格点坐标和控制容积的各个值，调用子函数 CONVOL。在子例程 INITIA 中，设置温度的初始值、初始化导热系数和离散化方程式的各系数。另外，如果在数据文件夹内已有保存结果，则读出并显示数据，还在 PROPS 内计算出导热系数。
- CHAPTER 2 INTERATION LOOP：迭代计算的开始。在子例程 SOLVT 中，计算离散方程的各个系数以及生成项，并调用 BOUND 函数设定边界条件，最后调用 TDMA 对离散方程组进行联立求解。使用调和平均来计算控制容积检查面的导热系数。对于外部边界，通过导热系数计算热通量。接着，利用得到的温度分布，在 PROPS 中，更新导热系数分布。最后，根据子例程 SOLVT 计算得到残差(各控制容积流入流出量的差值的总和)，进行解的收敛判定。此外，在重复计算的中间过程中输出监控点温度和残差，并按指定时间输出温度分布。

- CHAPTER 3 TERMINATING OPERATION：根据计算结果的发散或收敛判定，导出最终获得的温度分布和导热系数分布。

因为 EXA-2 的程序包含所有需要的数据，可以直接执行，所以不再需要从外部输入任何数据。附录 B 的最后显示了执行结果。在计算条件后面，每执行两次迭代计算，输出一次监视网格点 5 的温度和残差，并输出迭代 9 次的计算结果，包括温度以及导热系数的分布。

在此，为了便于清楚地理解迭代计算的收敛过程，采用了较大的温度依存性。当温度依存性较小时，收敛的迭代次数会有所减少。另外，在例子中，作为收敛的残差判断基准为 1×10^{-3} 以下。随着这一基准的改变，收敛所需的迭代次数也会变化。可根据所需解的精度以及计算时间的平衡考虑，设置适当的判断基准。

4.3 小结

根据本章的例题，我们对基于控制容积的有限差分法的程序化基础、非稳态问题和稳态问题的处理方法、控制容积的排列和边界条件的设置方法等进行了说明。读者应该对上述数值计算执行时所涉及的基本事项有所理解。考虑到本书最主要的目的是将一般守恒方程式（2.12）的解法程序化，并将其用于每一个流速、温度、浓度等各种方程式的求解中，到本章为止还没有提及的是关于对流项的问题。由于对流的存在，数值分析必须处理各种比较重要和困难的问题，如果能够妥善处理，我们可以保证读者能够利用计算机模拟来理解许多有趣的传热和流动现象。第 5 章中，我们将挑战这个对流项的问题。

第 5 章

流动和对流传热的数值分析方法

本章以后，基于第 4 章所涉及的相关数值解析法，作者将结合流动过程中存在的各种问题，说明其具体的解析方法。由于考虑了流动，未知量增加了压力和各速度分量，本书的数值解析法采用 SIMPLE（Semi-ImplicitMethodforPressure-Linke）方法，便于边界条件和初始条件的设置，同时也便于扩展到三维问题。这一方法已在文献 [1] 中有详细的说明，本章将重点放在编程过程中应特别注意的事项上。

5.1 控制方程式

5.1.1 时间平均方程式的导出

控制方程式包括质量守恒式（2.10）（连续式），动量方程式（2.9）（纳维斯托克斯方程）和能量方程式（2.7）。当流体密度 ρ 为常数时（不可压缩流体），这些控制方程的张量形式如下

$$\frac{\partial u_j}{\partial x_j}=0 \tag{5.1}$$

$$\frac{\partial u_i}{\partial t}+\frac{\partial}{\partial x_j}(u_j u_i)=\frac{\partial}{\partial x_j}\left(\nu\frac{\partial u_i}{\partial x_j}\right)-\frac{1}{\rho}\frac{\partial p}{\partial x_i}+g_i\beta(T-T_{\mathrm{ref}})+\frac{\partial}{\partial x_j}\left(\nu\frac{\partial u_j}{\partial x_i}\right) \tag{5.2}$$

$$\frac{\partial T}{\partial t}+\frac{\partial}{\partial x_j}(u_j T)=\frac{\partial}{\partial x_j}\left(\frac{\nu}{Pr}\frac{\partial T}{\partial x_j}\right) \tag{5.3}$$

以上几个式子中，$\nu=\mu/\rho$ 是流体的运动黏度系数；$Pr=\mu c_p/\lambda$ 是普朗特数。

温度差引起的浮力等于重力矢量 g_i、体膨胀系数 $\beta=[\alpha(lnp)/\alpha T]_p$，以及与参考温度 T_{ref} 的差值（$T-T_{\mathrm{ref}}$）的乘积（Boussinesq 近似）。上述动量方程式（5.2）的右边第三项及第四项与式（2.9）中的体积力项 B_x 和黏性项 V_x 相对应。另外，从能量方程式（5.3）可以看出，流体内没有热源。

在 2.1.6 节中，阐述了在工程学上处理湍流时有效的时间平均法。对上述控制方程式（5.1）、式（5.2）及式（5.3）实施平均化操作时，将各变量分解为时间平均分量 $\bar{u}_i$、$\bar{T}$、$\bar{P}$ 和变动值 u_i'、T'、p'

$$u_i=\bar{u}_i+u_i' \tag{5.4a}$$

$$T = \bar{T} + T' \tag{5.4b}$$

$$p = \bar{p} + p' \tag{5.4c}$$

例如，将式（5.4a）代入动量方程式（5.2）的左边第二项，对时间取平均值，调换微分计算和平均计算的顺序，则可得到下式

$$\overline{\frac{\partial}{\partial x_j}(u_j u_i)} = \frac{\partial}{\partial x_j}\overline{(\bar{u}_j\bar{u}_i + u_i'u_j' + u_i'\bar{u}_j + u_j'\bar{u}_i)} = \frac{\partial}{\partial x_j}(\bar{u}_j\bar{u}_i) + \frac{\partial}{\partial x_j}(\overline{u_i'u_j'})$$

对其他项目也进行同样的操作，则可导出以下时间平均方程

$$\frac{\partial \bar{u}_j}{\partial x_j} = 0 \tag{5.5}$$

$$\frac{\partial \bar{u}_i}{\partial t} + \frac{\partial}{\partial x_j}(\bar{u}_j\bar{u}_i) = \frac{\partial}{\partial x_j}\left\{\nu\left(\frac{\partial \bar{u}_i}{\partial x_j} + \frac{\partial \bar{u}_j}{\partial x_i}\right) - \overline{u_i'u_j'}\right\} - \frac{1}{\rho}\frac{\partial \bar{p}}{\partial x_i} + g_i\beta(\bar{T} - T_{\mathrm{ref}}) \tag{5.6}$$

$$\frac{\partial \bar{T}}{\partial t} + \frac{\partial}{\partial x_j}(\bar{u}_j\bar{T}) = \frac{\partial}{\partial x_j}\left(\frac{\nu}{Pr}\frac{\partial \bar{T}}{\partial x_j} - \overline{u_j'T'}\right) \tag{5.7}$$

这样一来，除去由于黏性引起的雷诺应力 $-\rho\overline{u_i'u_j'}$，以及能量方程式中由于变动而产生的表观热通量 $\rho c_p\overline{u_j'T'}$ 之外，时间平均方程式与原控制方程式的形式是完全相同的。对于雷诺应力 $\overline{u_i'u_j'}$ 和表观热通量 $\overline{u_j'T'}$，采用以下梯度扩散模型

$$-\overline{u_i'u_j'} = \nu_t\left(\frac{\partial \bar{u}_i}{\partial x_j} + \frac{\partial \bar{u}_j}{\partial x_i}\right) - \frac{1}{3}\overline{u_k'u_k'}\delta_{ij} \tag{5.8a}$$

$$-\overline{u_j'T'} = \frac{\nu_t}{Pr_t}\frac{\partial \bar{T}}{\partial x_j} \tag{5.8b}$$

式中，δ_{ij} 是德尔塔函数（即 $i=j$ 的成分为 1，$i \neq j$ 的成分为 0）；ν_t 为涡黏性系数；Pr_t为湍流普朗特数。

将式（5.8a）和式（5.8b）代入式（5.6）及式（5.7），则可得到

$$\frac{\partial \bar{u}_i}{\partial t} + \frac{\partial}{\partial x_j}(\bar{u}_j\bar{u}_i) = \frac{\partial}{\partial x_j}\left\{(\nu + \nu_t)\frac{\partial \bar{u}_i}{\partial x_j}\right\} - \frac{1}{\rho}\frac{\partial \bar{p}}{\partial x_i} + g_i\beta(\bar{T} - T_{\mathrm{ref}}) + \frac{\partial}{\partial x_j}\left\{(\nu + \nu_t)\frac{\partial \bar{u}_j}{\partial x_i}\right\} \tag{5.9}$$

$$\frac{\partial \bar{T}}{\partial t} + \frac{\partial}{\partial x_j}(\bar{u}_j\bar{T}) = \frac{\partial}{\partial x_j}\left\{\left(\frac{\nu}{Pr} + \frac{\nu_t}{Pr_t}\right)\frac{\partial \bar{T}}{\partial x_j}\right\} \tag{5.10}$$

式（5.9）和式（5.10）可以说是将原支配方程式（5.2）和式（5.3）的层流扩散系数附加上湍流扩散系数后形成的。当然，也可以认为层流问题是 $\nu_t = 0$ 时的特殊情况。另外，可将 $\bar{p}$ 重新定义为时间平均压力加上 $\frac{1}{3}\rho\overline{u_k'u_k'}$。对于湍流问题，即

是解出式（5.9）和式（5.10），以及质量守恒式（5.5）中未知的时间平均量 $\overline{u}_i$（$i=1, 2, 3$）$\overline{p}$ 以及 $\overline{T}$ 。这时，需要涡黏性系数 ν_t（或与之同等的湍流统计量）的数学表示（湍流模型）。关于这一点，在 5.4 节中会有详细的论述。

5.1.2　坐标系的设定

在 5.1.2 节中，我们用张量的形式表达了时间平均方程。现在，我们试着在图 5.1 所示的二维坐标和圆柱坐标上用通用的形式书写时间平均方程式。对于轴对称问题，我们假设对称轴方向为 x 轴，半径方向为 y 轴。虽然流动仅限于二维平面流动或轴对称流，但存在旋转流的轴对称流的计算也没有问题。

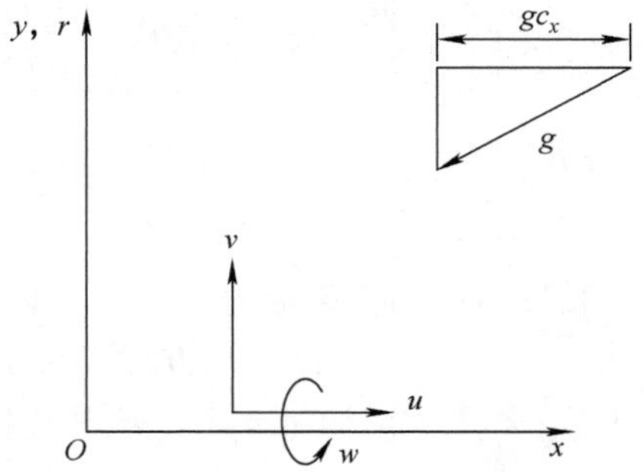

图 5.1　坐标系

$$\frac{\partial}{\partial x}(ru)+\frac{\partial}{\partial y}(rv)=0 \tag{5.11}$$

$$\begin{aligned}&r\frac{\partial u}{\partial t}+\frac{\partial}{\partial x}\left[r\left\{u^2-(\nu+\nu_t)\frac{\partial u}{\partial x}\right\}\right]+\frac{\partial}{\partial y}\left[r\left\{uv-(\nu+\nu_t)\frac{\partial u}{\partial y}\right\}\right]\\&=-\frac{r}{\rho}\frac{\partial p}{\partial x}+rc_x g\beta(T-T_{\mathrm{ref}})+\frac{\partial}{\partial x}\left\{r(\nu+\nu_t)\frac{\partial u}{\partial x}\right\}+\frac{\partial}{\partial y}\left\{r(\nu+\nu_t)\frac{\partial v}{\partial x}\right\}\end{aligned} \tag{5.12}$$

$$\begin{aligned}&r\frac{\partial v}{\partial t}+\frac{\partial}{\partial x}\left[r\left\{uv-(\nu+\nu_t)\frac{\partial v}{\partial x}\right\}\right]+\frac{\partial}{\partial y}\left[r\left\{v^2-(\nu+\nu_t)\frac{\partial v}{\partial y}\right\}\right]\\&=-\frac{r}{\rho}\frac{\partial p}{\partial y}+r(1-c_x^2)^{\frac{1}{2}}g\beta(T-T_{\mathrm{ref}})+\frac{\partial}{\partial x}\left\{r(\nu+\nu_t)\frac{\partial u}{\partial y}\right\}+\frac{\partial}{\partial y}\left\{r(\nu+\nu_t)\frac{\partial v}{\partial y}\right\}-2(\nu+\nu_t)\frac{v}{r}+w^2\end{aligned} \tag{5.13}$$

$$r\frac{\partial w}{\partial t}+\frac{\partial}{\partial x}\left[r\left\{uw-(\nu+\nu_t)\frac{\partial w}{\partial x}\right\}\right]+\frac{\partial}{\partial y}\left[r\left\{vw-(\nu+\nu_t)\frac{\partial w}{\partial y}\right\}\right]$$
$$=-vw-\frac{w}{r}\frac{\partial}{\partial r}\{r(\nu+\nu_t)\} \tag{5.14}$$

$$r\frac{\partial T}{\partial t}+\frac{\partial}{\partial x}\left[r\left\{uT-\left(\frac{\nu}{Pr}+\frac{\nu_t}{Pr_t}\right)\frac{\partial T}{\partial x}\right\}\right]+\frac{\partial}{\partial y}\left[r\left\{vT-\left(\frac{\nu}{Pr}+\frac{\nu_t}{Pr_t}\right)\frac{\partial T}{\partial y}\right\}\right]=0 \tag{5.15}$$

这里，x 方向速度成分 u，y 方向速度成分 v，周向速度成分 w，压力 p 以及温度 T 均为时间平均值。以后，我们省略表示时间平均值的上横线。另外，我们设置一个参数 r 来区分平面问题和轴对称问题，设定如下

$$r=\begin{cases}1\text{：平面问题}\\ y\text{：轴对称问题}\end{cases} \tag{5.16}$$

当然，由于周向速度分量仅在轴对称问题中才具有意义，在平面问题中，不需要求解周向运动方程式（5.14），并且在 y 方向运动方程式（5.13）的右边最后一项（下面划了波浪线的项）也被忽视。另一方面，在考虑浮力的流动问题中，只有当重力方向与对称轴的方向相平行时，轴对称假设才成立。因此，在涉及浮力的轴对称问题中，重力矢量方向余弦 c_x 必须设定为 1。

5.1.3　控制方程式的无量纲化

我们所关注的物理量，多数带有量纲。甚至在数值分析中，传热的解析中我们也采用量纲处理以便于直接观察物理量的变化。但是，在流动和传热的解析中，存在多个控制方程。处理这种情况，针对密度、速度和长度，选定适当参考量 ρ、u_{ref} 和 L_{ref}，并将方程进行无量纲化，可以尽量减少输入参数。参考量的选定虽然没有特定的规则，但也有一些需要注意的点，我们将其列举如下。

参考长度 L_{ref}：采用板的全长、管的直径等代表物体形状的长度。

参考速度 u_{ref}：流入的（全场）平均速度等已知的情况下，采用该速度。在没有明显参照速度的自然对流中，通过浮力和惯性力的平衡设定参考速度

$$\rho g\beta\Delta T_{\text{ref}}\sim\rho\frac{u_{\text{ref}}^2}{L_{\text{ref}}} \tag{5.17a}$$

上述计算式中的速度可间接参考以下计算式

$$u_{\text{ref}}=(g\beta\Delta T_{\text{ref}}L_{\text{ref}})^{1/2} \tag{5.17b}$$

在自然对流和强制对流共存的情况时，比较已知代表速度和式（5.17b）定义

的速度，选择两者中较大的，或者方便分析计算结果的速度。

参考温度差 ΔT_{ref}：在已知边界处的温度分布的情况下，选择流入时流体的全场平均温度与壁温之间的较为明确的差值，作为参考温度差。在给出壁面热通量分布的情况下，考虑代表点处的壁面热通量 q_{ref} 与对流项的平衡，计算出参考温度差

$$q_{\text{ref}} \sim \rho c_p \Delta T_{\text{ref}} u_{\text{ref}}$$

$$\Delta T_{\text{ref}} = \frac{q_{\text{ref}}}{\rho c_p u_{\text{ref}}} \tag{5.18}$$

其他参考量：例如参考压力差

$$\Delta p_{\text{ref}} = \rho u_{\text{ref}}^2 \tag{5.19}$$

另外，参照时间差

$$\Delta t_{\text{ref}} = \frac{L_{\text{ref}}}{u_{\text{ref}}} \tag{5.20}$$

根据已选定的参考值，组合得到其他参数的参考值。如此一来，我们便可根据无量纲化的控制方程式进行程序设计。另外，在进行程序设计时，如 2.1 节所述，将一般形式方程式（2.11）应用于控制方程的话比较方便。这里将式（5.11）至式（5.15）进行无量纲化，并整理为一般形式方程式。例如，我们仅限于将平面问题和轴对称问题写为一般形式方程式的形式，具体方程式如下

$$r^* \frac{\partial \phi^*}{\partial t^*} + \frac{\partial}{\partial x^*}\left\{ r^* \left(u^* \phi^* - \Gamma^* \frac{\partial \phi^*}{\partial x^*} \right) \right\} + \frac{\partial}{\partial y^*}\left\{ r^* \left(v^* \phi^* - \Gamma^* \frac{\partial \phi^*}{\partial y^*} \right) \right\} = S^* \tag{5.21}$$

式中

$$x^* = \frac{x}{L_{\text{ref}}} \tag{5.22a}$$

$$y^* = \frac{y}{L_{\text{ref}}} \tag{5.22b}$$

$$t^* = \frac{t}{L_{\text{ref}} / u_{\text{ref}}} \tag{5.22c}$$

$$r^* = \begin{cases} 1\text{：平面问题} \\ y^*\text{：轴对称问题} \end{cases} \tag{5.22d}$$

$$u^* = \frac{u}{u_{\text{ref}}} \tag{5.22e}$$

$$v^* = \frac{v}{u_{\text{ref}}} \tag{5.22f}$$

$$\Gamma^* = \frac{\Gamma}{u_{\text{ref}} L_{\text{ref}}} \tag{5.22g}$$

一般方程式

$$r^* \frac{\partial \phi^*}{\partial t^*} + \frac{\partial}{\partial x^*}\left[r^* \left(u^* \phi^* - \Gamma^* \frac{\partial \phi^*}{\partial x^*} \right) \right] + \frac{\partial}{\partial y^*}\left[r^* \left(v^* \phi^* - \Gamma^* \frac{\partial \phi^*}{\partial y^*} \right) \right] = S^*$$

一般因变量和生成项 S^* 也同样表示为基于 ρ，L_{ref}，u_{ref}，ΔT_{ref} 的无量纲化量。另外，各个控制方程中对应的 ϕ^*，Γ^* 和 S^* 都填写在表 5.1 中。x 和 y 方向的运动方程式源项中的 Re 和 Gr 做以下定义

$$Re = \frac{u_{\text{ref}} L_{\text{ref}}}{\nu_0} \tag{5.23a}$$

$$Gr = \frac{g \beta \Delta T_{\text{ref}} L_{\text{ref}}^3}{\nu_0^2} \tag{5.23b}$$

式中，ν_0 是所关注流体的运动黏度系数的代表值；Re 是雷诺数；Gr 是格拉晓夫数。

表 5.1　各控制方程的 ϕ^*，Γ^* 和 S^*

控制方程	ϕ^*	Γ^*	S^*
质量守恒	1		0
u 运动方程	$u^* = \frac{u}{u_{\text{ref}}}$	$\frac{\nu + \nu_t}{u_{\text{ref}} L_{\text{ref}}}$	$-r^* \frac{\partial p^*}{\partial x^*} + \frac{\partial}{\partial x^*} r^* \Gamma^* \frac{\partial u^*}{\partial x^*} + \frac{\partial}{\partial y^*} r^* \Gamma^* \frac{\partial v^*}{\partial x^*} + r^* c_x \frac{Gr}{Re^2} T^*$
v 运动方程	$v^* = \frac{v}{u_{\text{ref}}}$	$\frac{\nu + \nu_t}{u_{\text{ref}} L_{\text{ref}}}$	$-r^* \frac{\partial p^*}{\partial y^*} + \frac{\partial}{\partial x^*} r^* \Gamma^* \frac{\partial u^*}{\partial y^*} + \frac{\partial}{\partial y^*} r^* \Gamma^* \frac{\partial v^*}{\partial y^*}$ $+ r^* (1 - c_x^2)^{1/2} \frac{Gr}{Re^2} T^* - 2\Gamma^* \frac{v^*}{r^*} + w^{*2}$
w 运动方程	$w^* = \frac{w}{u_{\text{ref}}}$	$\frac{\nu + \nu_t}{u_{\text{ref}} L_{\text{ref}}}$	$-v^* w^* - \frac{w^*}{r^*} \frac{\partial}{\partial r^*} (r^* \Gamma^*)$
能量守恒	$T^* = \frac{T - T_{\text{ref}}}{\Delta T_{\text{ref}}}$	$\frac{\nu / Pr + \nu_t / Pr_t}{u_{\text{ref}} L_{\text{ref}}}$	0

基于 Re 和 Gr 这两个无量纲数，我们可以针对强制对流和浮力共存的任意流场进行解析。当浮力可以忽略时

$$Gr = 0 \text{ (纯强制对流)} \tag{5.24a}$$

Re 起支配作用。另一方面，在纯自然对流问题中，用式（5.17b）设定参照速度 u_{ref}，*Re* 也对应设置为 *Gr* 的平方根

$$Re=\frac{(g\beta\Delta T_{\text{ref}}L_{\text{ref}})^{1/2}L_{\text{ref}}}{\nu_0}=Gr^{1/2}\ (\text{纯自然对流}) \tag{5.24b}$$

以上说明了控制方程无量纲化的过程，无量纲化的主要优点在于减少控制问题参数的数量。例如，在运动黏度系数没有变化的层流运动方程中

$$\Gamma^*=\frac{\nu}{u_{\text{ref}}L_{\text{ref}}}=\frac{1}{Re} \tag{5.24c}$$

因此，可以将参数压缩为一个无量纲量的 *Re*，即在无量纲控制方程和初始条件和边界条件下获得的无量纲数值解，在 *Re* 相同，而所有初始条件和边界条件相似的情况下也都适用。这时，密度、黏度的材料参数，接近速度、物体的尺寸即使不同也没有关系。

5.2 控制方程的离散化

5.2.1 交错网格

流动数值分析中最大的困难在于压力场的处理。解运动方程时，就必须知道压力分布的相关信息，而为了获得压力分布的相关信息，就要先从看起来和压力完全无关的质量守恒方程式（5.11）导出，处理时难度较大。对于二维流动，可以将质量守恒方程和两个方向的运动方程简化为流函数和涡量输送方程，从而消去运动方程中的压力项。但是，这种“流函数 · 涡量法”尽管可以避免与压力项有关的烦琐操作，但是必须考虑壁面边界条件的涡度等边界值的设置。另外，如果想要得到压力场随时间的变化，则必须另外求解压力的泊松方程，这又会降低计算效率。再者，由于流量函数不能在三维空间中进行定义，所以需要相当复杂的过程才能将相同的方法扩展到三维问题。

我们在这里采用 SIMPLE 法。这一方法通过直接处理每个速度分量和压力，从而克服了上述缺点。目前这一方法已被广泛用于分析各种流动和传热，其实用性众所周知。SIMPLE 法并非直接计算压力本身，而是引入压力校正量，并将质量守恒方程变形为“压力校正公式”。如后面的 5.2.4 节所述，如果已知压力边界条件，则边界处的压力校正值为 0；如果已知速度边界条件，则边界处的压力校正值梯度为 0。这样一来，压力的边界条件变得非常容易设定。

另外，为了有效地将从压力校正公式中获得的压力信息反馈到运动方程中，有必要使用“交错网格”检查面来定义控制容积的每个速度分量。如第 3.2 节所述，有两种类型的网格构建方法，各有优点。这里采用的是方法 B，首先设置控制容积再将网格点置于其中心的方法。设置交错网格时，如图 5.2 所示，首先设置控制容积的检查面（实线），使其与计算区域的边界面重叠。然后，在控制容积的中心设置标量网格点，此标量网格点是定义了压力、温度等标量的位置。由于每个速度分量都在垂直于它的检查平面上定义，因此在计算流入和流出量时不需要内插速度。交错网格合理地考虑了每个速度分量受其上游和下游压力差控制的物理现象，从而防止了波状压力场的形成，同时又保证了运动方程中的压力项的微分形式的精度。

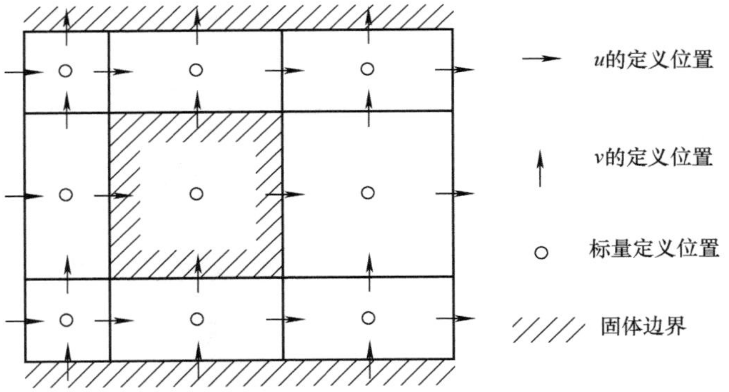

图 5.2　交错网格

5.2.2　通用形式守恒方程的离散化

到 5.1 节为止，我们已经完成了控制方程离散化的所有准备工作。在本小节中，我们将采用与热传导分析时相同的方法进行离散化。我们已经在表 5.1 中展示了每个控制方程式的通用形式 [式（5.21）]。因此，只要获得通用形式守恒方程的差分形式，便可简单地通过表 5.1 来确定每个控制方程式的差分形式，而不必单独考虑各个方程的差分形式。

现在，我们选取图 5.3 中用实线包围的标量控制容积，对无量纲通用形式守恒方程式（5.21）进行离散化处理。对极短时间内微小的控制容积进行积分，如下所示

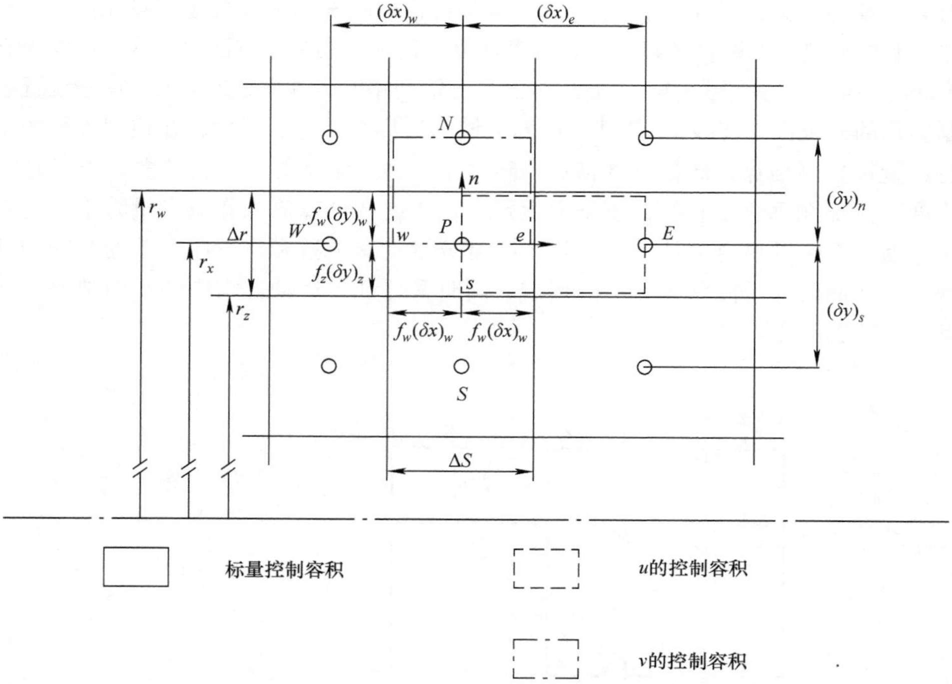

图 5.3　离散化中的各个线段

$$\frac{1}{\Delta t}\int_{t}^{t+\Delta t}\int_{s}^{n}\int_{w}^{e} r\frac{\partial \phi}{\partial t}\mathrm{d}x\mathrm{d}y\mathrm{d}t+$$

$$\frac{1}{\Delta t}\int_{t}^{t+\Delta t}\int_{s}^{n}\int_{w}^{e}\left[\frac{\partial}{\partial x}\left\{r\left(u\phi-\Gamma\frac{\partial \phi}{\partial x}\right)\right\}+\frac{\partial}{\partial y}\left\{r\left(v\phi-\Gamma\frac{\partial \phi}{\partial y}\right)\right\}\right]\mathrm{d}x\mathrm{d}y\mathrm{d}t$$

$$=\frac{1}{\Delta t}\int_{t}^{t+\Delta t}\int_{s}^{n}\int_{w}^{e} S\mathrm{d}x\mathrm{d}y\mathrm{d}t \qquad (5.25)$$

在式（5.25）中，省略掉表示无量纲量的 *。在之后的公式中，除非另有说明，不添加 *。方程式左边第一项是时间项（非定常项），左边第二项是对流扩散项，右边是源项（生成项）。这里参考第 3.1 节中对一维热传导方程式进行的操作，方程式（5.25）对式中每一项按照相同的步骤进行离散化。此时，对于时间积分，采用完全隐式法（$f_t=1$），省略掉 Δt 时间后对应值的上标 n。下角标与前述相同，定义网格点使用大写字母，检查表面使用小写字母。

时间项

$$\frac{1}{\Delta t}\int_w^e\int_s^n\int_t^{t+\Delta t} r\frac{\partial\phi}{\partial t}\mathrm{d}t\mathrm{d}x\mathrm{d}y=\frac{\Delta V}{\Delta t}(\phi_P-\phi_P^o) \tag{5.26}$$

对流扩散项

$$\frac{1}{\Delta t}\int_t^{t+\Delta t}\int_s^n\int_w^e\left[\frac{\partial}{\partial x}\left\{r\left(u\phi-\Gamma\frac{\partial\phi}{\partial x}\right)\right\}+\frac{\partial}{\partial y}\left\{r\left(v\phi-\Gamma\frac{\partial\phi}{\partial y}\right)\right\}\right]\mathrm{d}x\mathrm{d}y\mathrm{d}t$$

$$=r_x\Delta y\left[u_e\{f_e\phi_E+(1-f_e)\phi_P\}-\frac{\Gamma_e(\phi_E-\phi_P)}{(\delta x)_e}-u_w\{f_w\phi_W+(1-f_w)\phi_P\}+\right.$$

$$\left.\frac{\Gamma_w(\phi_P-\phi_W)}{(\delta x)_w}\right]+\Delta x\left[r_nv_n\{f_n\phi_N+(1-f_n)\phi_P\}-\frac{r_n\Gamma_n(\phi_N-\phi_P)}{(\delta y)_n}-\right.$$

$$\left.r_sv_s\{f_s\phi_S+(1-f_s)\phi_P\}+\frac{r_s\Gamma_s(\phi_P-\phi_S)}{(\delta y)_s}\right] \tag{5.27}$$

源项

$$\frac{1}{\Delta t}\int_t^{t+\Delta t}\int_s^n\int_w^e S\mathrm{d}x\mathrm{d}y\mathrm{d}t=S\Delta x\Delta y=(S_c+S_P\phi_P)\Delta x\Delta y \tag{5.28}$$

式（5.26）中

$$\Delta V=\int_s^n r\mathrm{d}x\mathrm{d}y=r_x\Delta x\Delta y \tag{5.29a}$$

$$r_x=\frac{r_n+r_s}{2} \tag{5.29b}$$

如式（5.28）所示，对源项 S 进行线性化处理。另外，f_e、f_w、f_n、f_s 是与图 5.3 中定义的空间相关的加权系数。此处，在方法 B 的网格阵列中使用的标量控制容积的权重系数 f_e、f_w、f_n、f_s，可以采用 0 ~ 1 的任何值，对于 u 控制容积取 $f_e=f_w=1/2$，对于 v 控制容积取 $f_n=f_s=1/2$。将离散方程式（5.26）、式（5.27）和式（5.28）代入方程式（5.25），整理得到导热离散方程式

$$a_P\phi_P=a_E\phi_E+a_W\phi_W+a_N\phi_N+a_S\phi_S+b \tag{5.30}$$

$$a_E=-f_eF_e+\frac{\Gamma_e\Delta yr_x}{(\delta x)_e} \tag{5.31a}$$

$$a_W = f_w F_w + \frac{\Gamma_w \Delta y r_x}{(\delta x)_w} \tag{5.31b}$$

$$a_N = -f_n F_n + \frac{\Gamma_n \Delta x r_n}{(\delta y)_n} \tag{5.31c}$$

$$a_S = f_s F_s + \frac{\Gamma_s \Delta x r_s}{(\delta y)_s} \tag{5.31d}$$

$$F_e = u_e \Delta y r_x \tag{5.32a}$$

$$F_w = u_w \Delta y r_x \tag{5.32b}$$

$$F_n = u_n \Delta x r_n \tag{5.32c}$$

$$F_s = u_s \Delta x r_s \tag{5.32d}$$

$$a_P = \frac{\Delta V}{\Delta t} + a_E + a_W + a_N + a_S + F_e - F_w + F_n - F_s - S_P \Delta x \Delta y \tag{5.33a}$$

$$b = S_c \Delta x \Delta y + \frac{\Delta V}{\Delta t} \phi_P^o \tag{5.33b}$$

另外，系数 a_P 中的（$F_e - F_w + F_n - F_s$）对应于控制容积中质量生成量，其值应为 0。但在实际计算过程中并不能保证为 0，相反，为了使计算稳定，必须将 a_P 取正值，保留在计算中。

5.2.3 u 和 v 的运动方程

在 5.2.2 节中，通过对标量控制容积进行积分，获得了通用形式守恒方程式（5.21）的离散形式。将该离散方程中的 ϕ，Γ，S 与表 5.1 所示能量守恒方程的有关项相对应，可以得到能量守恒方程的离散形式。另外，由于 w 运动方程式不包含压力项，因此可以采用与能量守恒方程式同样的标量守恒方程的方法进行处理。

另一方面，对于 u 和 v 运动方程，有必要将控制容积从东向西（x 方向）和从南向北（y 方向）分别将位置错开半格考虑。例如，对于 u 运动方程而言，如图 5.3 中的虚线所示，考虑处于标量控制容积检查面 e 两侧的标量网格点 E 和 P，它们分别位于控制容积的东边检查面和西边检查面上，并且由于只有标量控制容积检查面 e 的中心处定义了速度分量 u，于是可以看作 u 控制容积由标量网格点 E 和 P 所在的检查面所构成，也就是把通过 E 和 P 的检查面看作控制容积 u 的检查面 e 和 w。同理，可以通过 u 控制容积的 n 检查面和 s 检查面相邻的 E、W、N 和 S 点，对 u 控制容积进行定义，并且对 u 运动方程式积分，就可以得到与标量控制容积的离散方程式（5.30）的形式完全相同的离散形式。但是，当计算各检查面的流入和流出量 F_e、F_w、F_n 以及 F_s 时，因为未在检查表面上定义速度，所以需要进行插值。另外，由于压力项需要特别注意后面 5.2.4 节所说明的事项，因此将压力项与其他源项分开处理如下

$$a_P u_P = a_E u_E + a_W u_W + a_N u_N + a_S u_S + r_x \Delta y (p_w - p_e) + b \tag{5.34}$$

另一方面，对于 v 运动方程，如果我们考虑长短虚线包围的控制容积，并通过相同的过程对其进行积分，则可以得到以下结果

$$a_P v_P = a_E v_E + a_W v_W + a_N v_N + a_S v_S + r_x \Delta x (p_s - p_n) + b \tag{5.35}$$

下标 $e \sim s$ 和 $E \sim S$ 仅表示相对于每个控制容积的中心点的位置关系。因此，在离散化方程式（5.30）、式（5.34）和式（5.35）中，必须注意，使用相同符号书写的系数，在不同控制容积中代表的值是不同的。

5.2.4　压力补偿式

如果已知压力场，则可以通过离散方程式（5.34）和式（5.35）求解运动方程。在本节中，将从质量守恒方程中推导出压力场信息的压力校正方程，同时说明 SIMPLE 方法的核心内容。首先，作为初步准备，真实速度 u 可以表示为预测值和误差（校正值）的和。根据运动压力方程式（5.34），基于临时假设的压力场 $\tilde{p}$ 的值，可以得出预测值 $\tilde{u}$，并可以将其表示为与校正值 u' 的和。注意：不要将 u' 与湍流波动分量混淆。

$$u = \tilde{u} + u' \tag{5.36a}$$

对真实压力 p 做同样的处理

$$p = \tilde{p} + p' \tag{5.36b}$$

将以上两个方程式代入离散的 u 运动方程式（5.34）。必须注意，预测的 $\tilde{u}$ 和 $\tilde{p}$ 的集合尽管不一定满足质量守恒方程，但是却能够满足 u 运动方程式，并消去 $\tilde{u}$ 和 $\tilde{p}$ 项

$$a_P u'_P = r_x \Delta y (p'_w - p'_e) + \left[a_E u'_E + a_W \hat{u}_W + a_N u'_N + a_S u'_S \right] \tag{5.37}$$

在式（5.37）中，右侧第一项的压力校正项被认为是主导的，而第二项被忽略，迭代计算过程中可以对它们实施忽视操作。因为这个项是校正项，而所有校正项都可以被认为最后将收敛为 0。

$$u'_P = d_x (p'_w - p'_e) \tag{5.38}$$

这里

$$d_x = \frac{r_x \Delta y}{a_P} \tag{5.39}$$

以同样的方式考虑 v 运动方程式（5.35），并获得以下速度校正方程

$$v'_P = d_y (p'_s - p'_n) \tag{5.40}$$

这里

$$d_y = \frac{r_y \Delta x}{a_P} \tag{5.41}$$

基于上述准备，考虑图 5.4 中标量控制容积的质量守恒。根据质量守恒方程式（5.11）的离散形式，一般形式离散守恒方程式（5.30）（参照表 5.1）中的 $\phi = 1$ 和 $\Gamma = S = 0$。

$$F_e - F_w + F_n - F_s = 0 \tag{5.42}$$

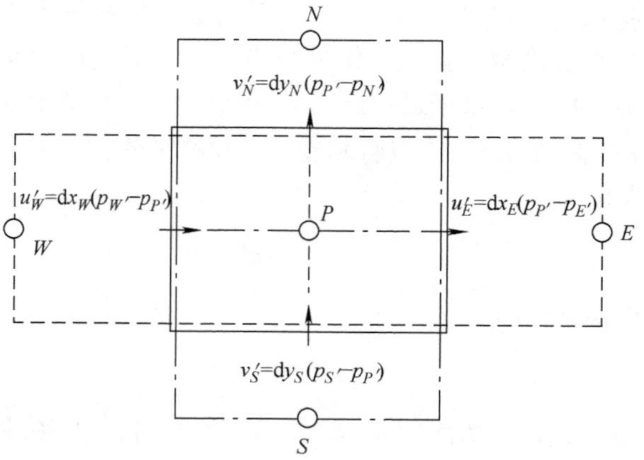

图 5.4　压力修正方程的控制容积

在此，采用与前面相同的方法，将 $F_e \sim F_s$ 的每一项分解为预测值和校正值，则会得到以下结果

$$r_x \Delta y u'_e - r_x \Delta y u'_w + r_n \Delta x v'_N - r_s \Delta x v'_S = \tilde{F}_w - \tilde{F}_e + \tilde{F}_s - \tilde{F}_n \tag{5.43}$$

将速度校正方程式（5.38）代入左侧的 u'_e 和 u'_w，将速度校正方程式（5.40）代入 v'_N 和 v'_S。这时，如图 5.4 所示，注意每个标量控制容积的检查面上的速度定义点，相对于标量控制容积的中心点 P 的位置，有必要的话调整每个速度校正方

程。这样就可以导出与离散方程式（5.30）具有相同形式的“压力补偿方程”，而离散方程式（5.30）具有一般形式方程式的形式

$$a_P p'_P = a_E p'_E + a_W p'_W + a_N p'_N + a_S p'_S + b \tag{5.44}$$

这里

$$a_E = r_x \Delta y d_{x_e} \tag{5.45a}$$

$$a_W = r_x \Delta y d_{x_w} \tag{5.45b}$$

$$a_N = r_n \Delta x d_{y_n} \tag{5.45c}$$

$$a_S = r_s \Delta x d_{y_s} \tag{5.45d}$$

$$a_P = a_E + a_W + a_N + a_S \tag{5.45e}$$

$$b = \tilde{F}_w - \tilde{F}_e + \tilde{F}_s - \tilde{F}_n \tag{5.45f}$$

计算压力补偿公式的系数 $a_E \sim a_S$ 时需要 d_x 和 d_y，所以在基于方程式（5.39）和式（5.41）计算 u 和 v 运动方程式时，必须计算和存储这些系数 $a_E \sim a_S$，以便用于计算压力校正方程式。

压力校正公式 [式（5.44）] 的边界条件非常简单，这是 SIMPLE 方法的一大优势。首先，如果边界处的压力已知，则这里的校正值 p' 应设为 0。另一方面，如果已知速度，则速度校正值为 0。因此，应根据式（5.38）或式（5.40）（在程序中，d_x 和 d_y 也可以设置为 0）将垂直于边界表面 p' 的梯度设置为 0。如果在上述边界条件下解得压力校正方程式（5.44），并知道了 p' 的分布，则可以使用方程式（5.36a）、式（5.36b）和式（5.38）修改速度场和压力场。

5.3 关于离散化方程解法的相关事项

5.3.1 离散化方程解法以及不足松弛

以上导出了所有控制方程的离散形式，即 u 运动方程式（5.34）、v 运动方程式（5.35）、压力校正方程式（5.44）、能量守恒方程和 w 运动方程通用的一般守恒方程式（5.30）。然后，在计算区域的所有定义点上，写出每个守恒方程的离散方程（代数表达式），并同时联立求解这些代数表达式。求解代数方程式中，可以将第 4.1.2 节中用于一维热传导分析的托马斯算法（TDMA）扩展到二维使用。例如，

对南北方向的 TDMA 进行扫描，则离散化方程式（5.30）改写如下

$$a_P\phi_P = a_N\phi_N + a_S\phi_S + d \tag{5.46}$$

这里

$$d = b + a_E\phi_E + a_W\phi_W \tag{5.47}$$

对于一维热传导，方程式（5.46）具有与方程式（4.6）相同的形式，如果系数 a_P，a_N，a_S 和 d 是用最新值计算的，则可以通过 TDMA 获得在 y 方向上排成一列的网格点处的 ϕ 值。用这种方法求解得到每列的 ϕ 后，再在东西方向上实施 TDMA 扫描，为每行网格点求得 ϕ 值，反复迭代计算（线序法）来获得收敛解。

然而，用于流动分析的控制方程具有很强的非线性，迭代计算容易趋于不稳定，为了避免这种情况并获得收敛解，需要采取下述不足（也称缓和）松弛的措施。

$$\phi_P = \alpha\phi_P^M + (1-\alpha)\phi_P^{M-1} \tag{5.48}$$

式中，α 是松弛系数；上标 M 是第 M 次迭代计算的结果。

现在，假设对南北方向的 TDMA 进行扫描，将式（5.46）的右边除以 a_P，再带入式（5.48）右边的 ϕ_P^M，整理如下

$$\left(\frac{a_P}{\alpha}\right)\phi_P = a_N\phi_N + a_S\phi_S + \left\{d + \left(\frac{1-\alpha}{\alpha}\right)a_P\phi_P^{M-1}\right\} \tag{5.49}$$

就是说，当用 TDMA 求解时，可以将上述方程式左侧的系数（a_P/α）看作方程式（5.46）中的 a_P，还可以将上述方程式右侧用 {} 括起来的部分看作方程式（5.46）右侧的 d，从而进行不足松弛运算。

5.3.2 混合法

计算流体力学研究人员很早就知道以下事实，如果在控制方程以一般守恒方程的形式 [式（5.21）] 所表示的对流和扩散共存的区域，对移流项（或对流项）使用通常的中心差分方法进行离散，随着雷诺数的增大，结果将是完全不合理的，并且迎风差分法已被广泛用作解决这个问题的方法。另一方面，Spalding 通过与一维问题严格解的比较，提出了一种混合法，这种方法不是只使用迎风差分，而是当一维对流低于扩散水平时，采用中心差分法进行离散，当对流占主导地位时，采用迎风差分，通过如下修改式（5.31a）至式（5.31d）中定义的系数 $a_E \sim a_S$ 就可以容易地嵌入其中。

$$a_E = \max(a_E, -F_e, 0) \tag{5.50a}$$

$$a_W = \max(a_W, F_w, 0) \tag{5.50b}$$

$$a_N = \max(a_N, -F_n, 0) \tag{5.50c}$$

$$a_S = \max(a_S, F_s, 0) \tag{5.50d}$$

修改后的 $a_E \sim a_S$ 无论在哪种情况下都要取正值。在第 6 章中介绍的通用程序中，只要用户不特别设定，就会采用混合法。但是，混合法或者（一次）迎风差分法会产生（人工）黏性，有消除高频现象的倾向。因此，在关注高频瞬态现象时，需要采用 2.2 节提到过的方程离散化方法。另外，要并入这种差分形式需要若干修正，根据需要读者可以自己动手改写。

5.3.3　生成项的线性化和边界面的处理

在 3.1 节和 5.2 节中，考虑让计算稳定并尽快收敛，将生成项 S 线性化，可得到离散化方程

$$S = S_c + S_P \phi_P \tag{5.51}$$

S_P 在式（3.8e）或式（5.33a）中是系数a_P的一部分，但为了迭代计算的稳定性（即 a_P 大），所以有 S_P 必须为负的限制。注意到这一点，可以尽量将生成项线性化。现在，请注意表 5.1 所示的 w 运动方程的生成项

$$S = \left[-v - \frac{1}{r}\frac{\partial}{\partial r}(r\Gamma)\right]_P w_P \tag{5.52}$$

在这里，$\left[-v - \frac{1}{r}\frac{\partial}{\partial r}(r\Gamma)\right]$不一定是负的，应进行如下线性化

$$S_c = w_P \max\left(\left[-v - \frac{1}{r}\frac{\partial}{\partial r}(r\Gamma)\right]_P, 0\right) \tag{5.53a}$$

$$S_P = -\max\left(\left[v + \frac{1}{r}\frac{\partial}{\partial r}(r\Gamma)\right]_P, 0\right) \tag{5.53b}$$

通过 S_c 和 S_P 的线性化就可以在固体壁面等边界面的处理中得到有效应用。例如，如图 5.5 所示，控制容积的 s 检查面与壁面接触时，考虑能量守恒式（5.30）中 $\phi = T$ 和 $S_c = S_P = 0$ 的话，则离散化的一般形式守恒方程式（5.30）就是能量守恒方程的离散方程，为了便于讨论，将其改写一下

$$\frac{\Delta V}{\Delta t}(T_P - T_P^o) = a_E(T_E - T_P) + a_W(T_W - T_P) + a_N(T_N - T_P) + a_S(T_S - T_P) \tag{5.54}$$

式（5.54）右侧的最后一项 $a_S(T_S - T_P)$ 对应于从 s 检查表面流入的热流 Q_S。

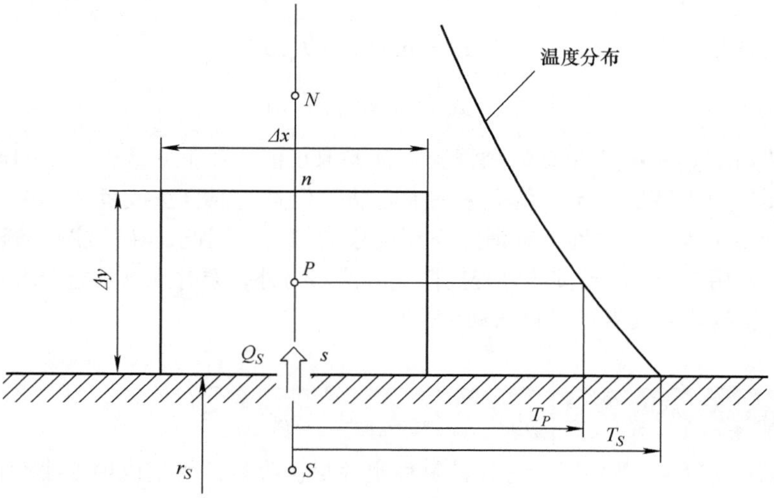

图 5.5　边界的处理方法

但是，通常将 s 检查表面（壁表面）上的温度或热通量作为边界条件，而不是固体内部网格点 S 的有关值。因此，不能直接使用将固体内部的网格点 S 与中心点 P 连接起来的系数 a_S 的定义式（5.31d），需要重新设定来自 s 检查面的热流 Q_S。如果 s 检查面上的温度 T_S 已知，则

$$\frac{Q_S}{\rho c_P}=\Gamma_S\frac{T_S-T_P}{(\Delta y/2)}\Delta x r_S \tag{5.55}$$

也就是说，将式（5.54）右边的最后一项用式（5.55）的右边替换即可。首先设

$$a_S=0 \tag{5.56}$$

在式（5.54）中断开中心点 P 和固体内部的网格点 S 之间的链接，并通过重置

$$S_P\Delta x\Delta y=-\Gamma_s\frac{\Delta x r_S}{(\Delta y/2)} \tag{5.57a}$$

$$S_c\Delta x\Delta y=\Gamma_s\frac{\Delta x r_S}{(\Delta y/2)}T_S \tag{5.57b}$$

用式（5.33a）和式（5.33b）准确估算来自 s 检查表面的热流。

如果已知 s 检查表面上的热通量 q_s

$$\frac{Q_S}{\rho c_P}=\frac{q_s \Delta x r_S}{\rho c_P}=\Gamma_s \frac{T_S-T_P}{\left(\frac{\Delta y}{2}\right)} \Delta x r_S \tag{5.58}$$

这里，如果对方程式（5.18）定义参照温度差的 $q_s / \rho c_P u_{\text{ref}}$ 进行无量纲化，可以得到下式

$$T_S^*=T_P^*+\frac{(\Delta y^* / 2)}{\Gamma_s^*} \tag{5.59}$$

因此，可以先使用适当的预测值 T_S，通过式（5.56）、式（5.57a）和式（5.57b）进行处理，计算流动区域内的温度，然后将得到的最新值 T_P 代入式（5.59），并通过迭代计算更新 T_S。

边界面的上述过程不仅适用于标量守恒方程，也适用于平行于边界面方向的运动方程。一般情况下，s 检查面也会有喷出或吸入的情况。如下所示，可以考虑对流的效果

$$\frac{Q_S}{\rho c_P}=F_S T_S-\Gamma_s \frac{T_P-T_S}{(\Delta y / 2)} \Delta x r_S=a_S(T_S-T_P)+F_S T_P \tag{5.60}$$

在这里

$$a_S=F_S+\frac{\Gamma_s \Delta x r_S}{(\Delta y / 2)} \tag{5.61}$$

如果要通过混合方法进行修改，则必须设置以下内容

$$S_P \Delta x \Delta y=-\max(a_S, F_S, 0) \tag{5.62a}$$

$$S_c \Delta x \Delta y=T_S \max(a_S, F_S, 0) \tag{5.62b}$$

当然，式（5.62a）和式（5.62b）也包含了不存在喷流的 $F_S=0$ 的情况，即也包含了式（5.57a）和式（5.57b）。另外，在其他检查面作为边界时，也可以实施同样的处理。

下面再另外介绍一个处理 S_P 和 S_c 的方法。目前，计算领域内部由于固体的存在，会形成计算域内的固体壁面，假设这种内部边界面以及外部边界面上的 ϕ 都是已知的。即使壁面在计算域内部，即使是固体内部，由于大致位于计算区域内部，所以根据为计算域内部计算导出的式（5.46）进行 TDMA 扫描。此处可以将固体内部的控制容积有关值 S_P 设定为较大的负值，比如

$$S_P=-1\times 10^{30} \tag{5.63a}$$

进一步设定

$$S_c = 1\times 10^{30}\phi_0 \tag{5.63b}$$

于是

$$\phi_P = \frac{a_N\phi_N + a_S\phi_S + d}{a_P} \simeq -\frac{S_c}{S_P} = \phi_0 \tag{5.64}$$

如上所述，可以自动地将 ϕ_P 设定为已知值 ϕ_0。但是，除去固体表面之外，对于固体内部的流动计算没有实质性的影响。因此，当这样的区域占据整个计算区域的较大部分时，则也应该考虑停止在这部分固体内没有实际意义的 TDMA 扫描。

5.4 湍流的处理

5.4.1 湍流模型的分类和选择

在使用时间平均方程处理湍流问题时，有一个难以避免的问题，即如何用雷诺应力还有湍流热流量等可以确定的量表示湍流的问题。目前，研究人员已提出了各种表示方法，可以将雷诺应力大致分为用代数公式表示和用运输方程表示（微分应力模型）两类。用代数公式表示的模型中，如式（5.8a）所示假设涡黏性系数各向同性的模型，以及各向异性的（代数应力）模型。前者根据如何表现涡黏性系数又可以进一步细分。一般称为 0、1 或 2 方程湍流模型，0、1、2 这些数字对应于用于确定涡黏性系数的传输方程的个数。尤其是，假设涡黏性系数与湍流能量 $k=\frac{1}{2}\overline{u_i'u_i'}$ 的二次方成正比，且湍流耗散率 ε 与之成反比的模型，被称为使用 k 和 ε 的输运方程的 $k-\varepsilon$ 两方程湍流模型，得到了广泛的使用。

现有的一些湍流模型如 $k-\varepsilon$ 两方程模型，虽具有一定的通用性，但两个模型都已根据基本湍流实验数据，针对各种湍流问题进行了调整，并没有对各式各样的湍流问题无须调整就能直接通用的模型。在第 6 章中，我们将介绍用于二维问题的通用程序。在编程中，我们采用了最常见的各向同性涡旋黏度模型，即用式（5.8a）和式（5.8b）表达的梯度扩散模型。但是，计算所需的涡黏性系数 v_t 的计算方法，应留给用户自行选择。用户应选择适当的 v_t 模型，并将其编入程序，不仅要考虑问题的性质，还应考虑所需的准确性和经济性。但是，受涡流黏度各向异性直接支配的现象，例如具有强循环流的流场和非圆形横截面流路中的二次流，必须采用更合适的代数应力模型或微分应力模型。在任何一种情况下，都应考虑修改生成项，或者考虑在使用了标量保存公式的程序范围内的修改。

5.4.2 匹配边界条件

在湍流中，时间平均速度和时间平均温度在边界附近梯度变化较大。在壁面附近，有一个非常薄的黏性底层，底层内的流动不受湍流混合作用的影响，在这里层流的应力 - 应变速度的关系同样成立。设计用来计算包括该黏性底层在内的壁面附近的详细分布壁面湍流模型，称为低雷诺数模型。低雷诺数模型可以实施黏性底层层流化，可以处理反向压力梯度下的湍流边界层，但它的缺点是在边界附近需要大量网格点。另一方面，还有一个高雷诺数模型，与低雷诺数模型相比，非常经济。它就是在黏性底层的上部可以无视黏性效果，湍流混合占主导地位，也就是众所周知的壁面法则，层流底层内的速度，以及温度的分布呈对数分布。在高雷诺数模型中，壁面法则成立的区域内将网格点放置在该区域中最靠近壁面的位置。然后，使用壁面法则将网格点和壁面进行匹配，仅对湍流占优势的上部区域求解。因为这种方法节省了很多网格点，因此使用壁面法则近似求得壁面湍流结果时非常经济，为了采用这种经济的高雷诺数模型，我们必须考虑边界法则的匹配过程。

如图 5.6a 所示，以下设定对数速度分布在黏性底层上方的湍流区域中保持不变。

$$\frac{u}{u_r}=\frac{1}{x}\ln\frac{u_r y}{v}+B \tag{5.65}$$

$$u_\tau\equiv\left(\frac{\tau_s}{\rho}\right)^{1/2} \tag{5.66}$$

式（5.66）是摩擦速度。卡尔曼常数为$\aleph$（请不要与第 4 章的导热系数相混淆），而 B 为经验常数，因此在这里采用以下值

$$\aleph=0.41,\ B=5$$

使用对数速度分布方程式（5.65），可以使用位于距离壁面 y 的网格点处的（时间平均速度）u 来计算摩擦速度 u_τ（或壁应力 τ_s）。即计算（u/u_τ），将牛顿法应用于方程式（5.65）

$$\left(\frac{u}{u_\tau}\right)\leftarrow\left(\frac{u}{u_\tau}\right)-\frac{x\left[\left(\frac{u}{u_\tau}\right)-C_0\right]+\ln\left(\frac{u}{u_\tau}\right)}{1+x\left(\frac{u}{u_\tau}\right)}\left(\frac{u}{u_\tau}\right) \tag{5.67}$$

这里

$$C_0=\frac{1}{x}\ln\frac{uy}{v}+B \tag{5.68}$$

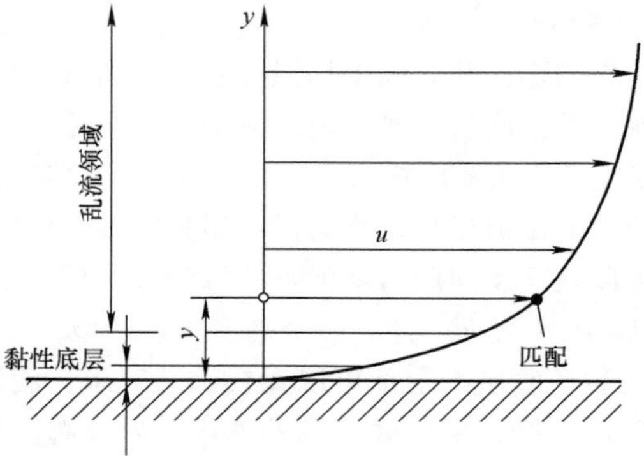

a) 湍流边界层

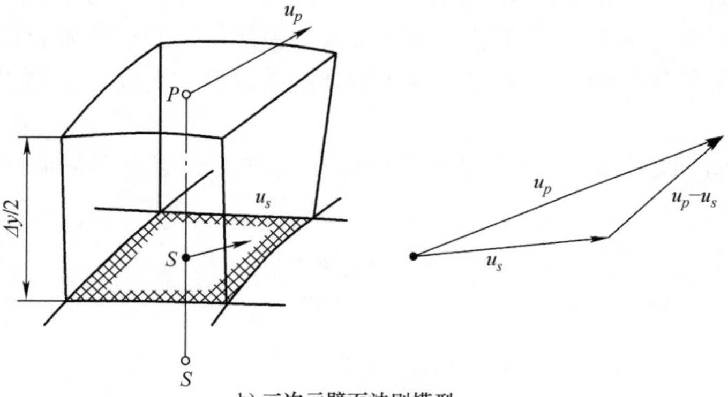

b) 三次元壁面法则模型

图 5.6　近壁模型的匹配

用 C_0 替换式（5.67）右边的（u/u_τ）以获得（u/u_τ）的预测值 C

$$C = C_0 - \left(\frac{\ln C_0}{1 + xC_0}\right)C_0 \tag{5.69}$$

通过将该预测值 C 再代入式（5.67）的右侧（u/u_τ），更新的（u/u_τ）的预测值非常接近正确答案，因此，应该可以根据该预测值来确定 u_τ

$$u_r = \frac{u}{C - \left[\dfrac{x(C - C_0) + \ln C}{1 + xC}\right]C} \tag{5.70}$$

由于要匹配的网格点必须位于黏性底层上方的湍流区域中，因此通常将网格点设置为 $u_\tau y\,/\,\nu$=50～500。然而，在发生边界层剥离现象的复杂流动中，回流速

度的水平太低，通过上述过程计算出的壁面应力不可避免地低于层流的壁面应力。作为处理这种情况的一种简单措施，就是当某些局部雷诺数$|u|y/v$低于一定水平时，将局部的计算切换成层流计算。现在，使用式（5.70）给出的摩擦速度 u_τ

$$u_\tau^2 = v\frac{|u|}{y} \tag{5.71a}$$

由式（5.71a）计算局部雷诺数得到 $|u|y/v$ =117，因此

湍流计算

$$\frac{|u|y}{v} > 117 \tag{5.71b}$$

层流计算

$$\frac{|u|y}{v} \leqslant 117 \tag{5.71c}$$

由上可知，在局部雷诺数小于 117 的位置，计算切换为层流计算。

以上，我们假设是二维剪切流，但是考虑到旋回流的存在，让我们将壁面法则扩展到三维流动中。现在，如图 5.6b 所示，假设 s 壁面以速度矢量 $\boldsymbol{u}_s$ 移动。如果在点 P 处的速度矢量 $\boldsymbol{u}_p$ 也平行于 s 壁面，则可以将壁面法则应用于矢量（$\boldsymbol{u}_p - \boldsymbol{u}_s$）

$$\frac{|\boldsymbol{u}_p - \boldsymbol{u}_s|}{u_\tau} = \frac{1}{x}\ln\frac{u_r(\Delta y/2)}{v} + B \tag{5.72}$$

$$u_\tau = \left[\left(\tau_{xy}^2 + \tau_{yz}^2\right)^{1/2} / \rho\right]_{\text{wall}}^{1/2} \tag{5.73}$$

另外，每个壁面应力分量可以表示为

$$(\tau_{xy}/\rho)_{\text{wall}} = u_\tau^2 \frac{\boldsymbol{u}_p - \boldsymbol{u}_s}{|u_p - u_s|} \equiv \Gamma_{\text{wall}} \frac{u_p - u_s}{(\Delta y/2)} \tag{5.74a}$$

$$(\tau_{yz}/\rho)_{\text{wall}} = u_\tau^2 \frac{w_p - w_s}{|u_p - u_s|} \equiv \Gamma_{\text{wall}} \frac{w_p - w_s}{(\Delta y/2)} \tag{5.74b}$$

在此，为了方便起见，Γ_{wall} 看作与层流黏性系数相对应的运动黏度系数，从式（5.74）可明确定义

$$\Gamma_{\text{wall}} = u_\tau^2 \frac{(\Delta y/2)}{|u_p - u_s|} \tag{5.75}$$

也就是说，在估算湍流壁面应力时，应给定 $\left|u_p-u_s\right|$ 和 Δy，根据式（5.72）确定 u_τ，并根据上述方程式（5.75）计算 Γ_{wall}。这个 Γ_{wall} 可以作为层流黏性系数使用，因此可以将第 5.3.3 节 [式（5.62a）和式（5.62b）] 中所讲述的用 S_c 和 S_P 处理边界表面的方法用于湍流计算。

接下来，让我们考虑湍流壁面热通量的处理。现在，假设 s 壁表面的温度为 T_s，且热通量为 q_s，则关于温度的壁面定律如下

$$\frac{\rho c_P(T_s-T_P)u_\tau}{q_s}=Pr_t\left(\frac{\left|\boldsymbol{u}_p-\boldsymbol{u}_s\right|}{u_\tau}+P_{fn}\right) \tag{5.76}$$

这里

$$P_{fn}=9.24\left[\left(\frac{Pr}{Pr_t}\right)^{3/4}-1\right] \tag{5.77}$$

是考虑黏性底层中的热阻的函数，称为“P 函数”，基于壁面热通量，改写式（5.76）

$$\frac{q_s}{\rho c_P}=-\frac{u_\tau(T_P-T_s)}{Pr_t\left(\dfrac{\left|\boldsymbol{u}_p-\boldsymbol{u}_s\right|}{u_\tau}+P_{fn}\right)}\equiv-\Gamma_{\text{wall}}\frac{T_P-T_s}{(\Delta y/2)} \tag{5.78}$$

因此，与壁面热流量相关的 Γ_{wall} 可以如下定义

$$\Gamma_{\text{wall}}=u_\tau^2\frac{(\Delta y/2)}{|u_p-u_s|\,Pr_t\left(1+\dfrac{u_\tau}{|u_P-u_s|}P_{fn}\right)} \tag{5.79}$$

在此，由于在式（5.55）中可以将 Γ_{wall} 视为等同于 Γ_s，所以也可以在边界面上用 S_c 和 S_P 进行处理。

5.4.3 混合距离模型

上述壁面法则匹配方法可以应用于任何高雷诺数模型。执行湍流计算所需的步骤是在匹配区域外部的计算区域中设置涡黏性系数 ν_t 的空间分布。请注意，在第 6 章介绍的通用程序中，模型 ν_t 的计算程序要由用户自己编写。在这里，作者将介绍一个最简单的模型，即普朗特混合距离模型，基于类似于分子动力学理论中的平均自由行程的概念，ν_t 表示如下。

$$\nu_t = l^2 \left| \frac{\partial u}{\partial y} \right| \tag{5.80}$$

这里，l 称为混合距离，在 0 方程模型中，l 的时间 / 空间分布由代数表达式给出，例如图 5.6a 所示的壁面剪切流，由

$$l = xy \tag{5.81}$$

规定，并将其代入式（5.80）

$$\nu_t \equiv u_\tau^2 / \left| \frac{\partial u}{\partial y} \right| = (xy)^2 \left| \frac{\partial u}{\partial y} \right| \tag{5.82}$$

注意：上述方程式右边的两个表达式，在常数 $u_\tau \nu_t$ 下积分，可以得到对数速度分布的方程式（5.65）。

再举一个例子，关注具有均匀时间平均速度 U_1 和 U_2 的两个平行流的湍流混合过程。假设从混合开始后的时间为 t，则混合距离有下面的比例关系

$$l \propto |U_1 - U_2| t \tag{5.83}$$

第 7 章显示了使用此处描述的混合距离模型进行湍流计算的结果。当凭经验给出 l 的时空分布时，混合距离模型是有效的。但是对于很复杂的流动，并不总是能给出可靠的结果。我们必须深刻理解湍流模型会极大地影响计算结果，必须针对每一个问题设置合理的模型。

第 6 章

传热和流动解析通用程序 SUNSET-C

本章基于第 5 章的讨论，针对附录 C 传热和流动解析通用程序 SUNSET-C（Solver for Unnsteady Navier-Stokes Equations:Two- Dimensional by C programming language）进行详细说明。从多角度出发，讨论上述基本方针是如何具体编制到程序里的。另外，又考虑到初期一些初学读者没有充足的时间完全理解细节，在内容叙述中突出说明使用上需要注意的重点，使读者即使不理解程序的细节，也可以尽快将程序利用起来。

本书根据文献 [10]，将原有的程序改写，使用了目前更加通用的 C 语言。但是，由于原有的程序采用的是面向过程的编程方法。为了照顾原程序的特点，忽视了 C 语言面向对象的特点。另外，本书采用国内广泛使用的 Tecplot360（通用软件）进行计算结果的后处理。因此，在原有程序的基础上增加了 Tecplot360 的接口程序。此接口程序将在本章最后进行说明。

6.1 程序的特征

6.1.1 程序概览

传热和流动解析通用程序 SUNSET-C 的主要特征如下。

- 本程序可以处理二维平面问题和伴随回旋流的三维轴对称问题。
- 本程序可以进行稳态或非稳态计算。
- 本程序可以针对任意几何形状、初始条件以及边界条件进行设定，并且这些设定非常容易操作。
- 本程序可以处理自然对流、强制对流，以及复合对流问题。
- 本程序可以处理层流和湍流问题（但是 v_t 的模型必须由用户来编程实现）。
- 非常容易实现对本程序的扩展，比如添加新的支配方程等。

接下来，为了对程序有一个整体把握，让我们来看一下图 6.1 所示的流程图。首先，程序设置了计算区域的几何形状、边界条件和初始条件。在存储初始值或旧计算结果之后，时间前进一个时间步长 Δt，根据假设的压力场计算 u 和 v，再通过假设的速度场压力校正公式进行求解。最后，通过计算得到的压力校正值 p' 对压力场和速度场进行修正。之后，依次求解能量方程式和周向运动方程式等标量方程式。然后，在根据边界条件更新边界值，并再次对 u 和 v 的运动方程式进行求解。判明 t 时刻是否收敛。如不收敛，则重复上述操作，直到迭代次数达到设定值。之后，将收敛解作为旧计算结果存储，推进一个时间步长 Δt，如此往复计算。另外，对于稳态计算，可以视为时间步长 Δt 无限大，而时间推进只进行一次。

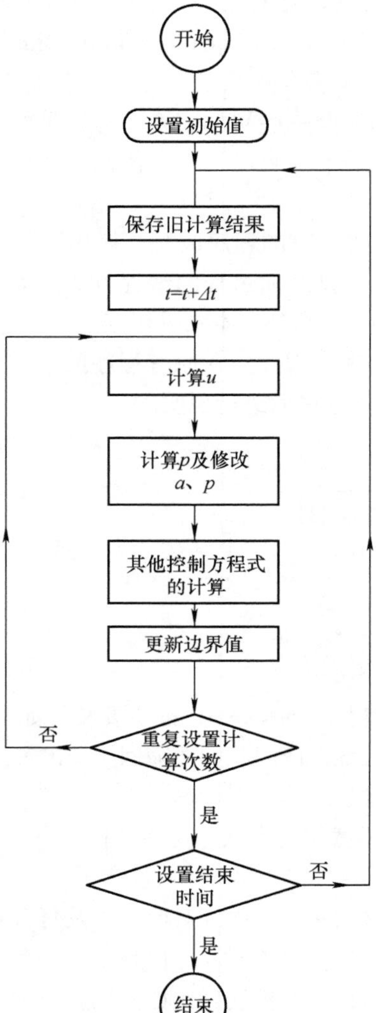

图 6.1 SUNSET-C 的流程图

6.1.2 边界的分类

在求解控制方程时，需要适当的边界条件，但是对于用户来说，边界条件和几何形状的设置需要操作简单，并具有足够的通用性。因此，本程序在计算区域的边界处将速度设置分为以下 3 类。

1）速度已知边界：在该边界中，速度矢量是已知的，并且除了压力以外的其他标量或矢量也是已知的。注意这些已知量可以是时间的函数。

2）速度未知边界：流体可以通过该边界流入或流出。尽管边界处的入流或出流速度以及标量的值是未知的，但是与边界面相平行的速度分量已知为 0。因此，如下面所示，可以根据质量守恒定律获得与边界面垂直的速度分量，并且通过来自计算区域内的外推，来获得标量的边界值。

x = 某一边界面

$$v = 0 \tag{6.1a}$$

$$\frac{\partial u}{\partial x} = 0 \tag{6.1b}$$

$$\frac{\partial^2 \phi}{\partial x^2} = 0 \tag{6.1c}$$

y = 某一边界面

$$u = 0 \tag{6.2a}$$

$$\frac{\partial rv}{\partial y} = 0 \tag{6.2b}$$

$$\frac{\partial^2 \phi}{\partial y^2} = 0 \tag{6.2c}$$

3）对称边界：在该边界中，垂直于边界的速度分量为 0，对于其余的所有变量，其垂直于边界方向的梯度均为 0。

y = 某一边界面

$$v = 0 \tag{6.3a}$$

$$\frac{\partial u}{\partial y} = 0 \tag{6.3b}$$

$$\frac{\partial \phi}{\partial y} = 0 \tag{6.3c}$$

如图 6.2 所示，速度已知边界可以设定在任何地方，但对称边界仅可设定在矩形计算区域的南边，速度未知边界仅可设定在东西边界和北部边界。通过这种规定，用户可以在输入几何形状时，自动地设置每个边界的边界条件。显然，物体的空间位置可以自由选择，这样的规定不会损害程序的通用性。如下面所述，用户只需指定由速度已知边界包围的计算区域，除默认值为 0 以外的变量，输入在该边界上的这些变量的分布值即可。程序自动处理对几何形状和边界条件的识别。

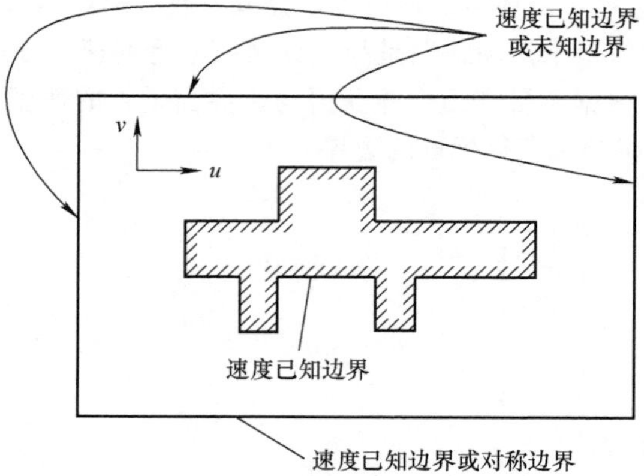

图 6.2　边界的分类

接下来是关于压力的边界条件，由于采用 SIMPLE 法处理的不是压力本身，而是其校正值，所以程序非常简单。首先，在速度已知边界中，速度的校正值为 0，因此由式（5.38）和式（5.40）得到 p' 在垂直于边界面的梯度也为 0。另一方面，对于速度未知边界，虽然速度和压力都是未知的，但是随着迭代计算结果逐步收敛，p' 逐渐趋近于 0。因此，p' 也设定为 0。这样一来，由于求解的是其校正值而非其本身，边界条件的模糊性也是被允许的。与压力修正方程有关的这些边界条件全部在程序内自动设定，因此用户只需输入作为基准压力（积分常数）的网格节点的编号（IREF、JREF）即可，完全不需要考虑压力边界条件的具体实施细节。

通过将计算区域的边界分为三类，边界条件的设定所涉及的相当一部分程序都实现了自动化。事实上，程序 SUNSET-C 的一大特点就是在不损害程序的通用性的情况下，大幅减轻了用户根据每个问题修改程序的负担。

6.1.3　几何形状和边界条件的识别

本节将说明是程序是如何识别几何形状和边界条件的，如图 6.3 所示，假设流体从矩形计算区域的西边界面流入，并从北边界面和东边界面的一部分边界流出，并且南边界面是对称面。

如图 6.3 所示，在各标量网格节点分配了 $I = 1 \sim NIP1$ 以及 $J = 1 \sim NJP1$ 的编号（I，J）。另外，$NIP1 = NI + 1$，$NJP1 = NJ + 1$，NI 和 NJ 表示分割计算区域的纵线和横线的数量。在这里，如虚线所示，为了区分速度已知边界内的标量网格节点群和其他网格点，我们将包含在速度已知区域内的标量网格节点，以适当的数量分为多个 *LUMP*。将 $K = 1 \sim NLUMP$ 的编号分配给每一个 *LUMP*，并输入从属于各个 *LUMP* 的网格节点的集合。这时，*LUMP* 的总数 *NLUMP* 以及分割的方法是任意的，*LUMP* 之间可以有一部分重叠的部分。另外，在设定各个 *LUMP* 内网格节点的集合时，需要输入 *I* 编号的下限值（西方）*LUMPW*（*K*）和上限值（东方）*LUMPE*（*K*），*J* 编号的下限值（南方）*LUMPS*（*K*）和上限值（北方）*LUMPN*（*K*）。换而言之，在图 6.3 的例子中必须输入表 6.1 所示的值。然后，对于在速度已知边界上默认值 0 以外的值的部分，由用户设定边界值。至此为止，关于几何形状和边界条件的输入工作全部结束。顺便提一下，如果在图 6.3 的例子中没有来自固体壁面的出入流，则在西方界面的上部入口处，只需指定 *u* 速度的分布就可以了。

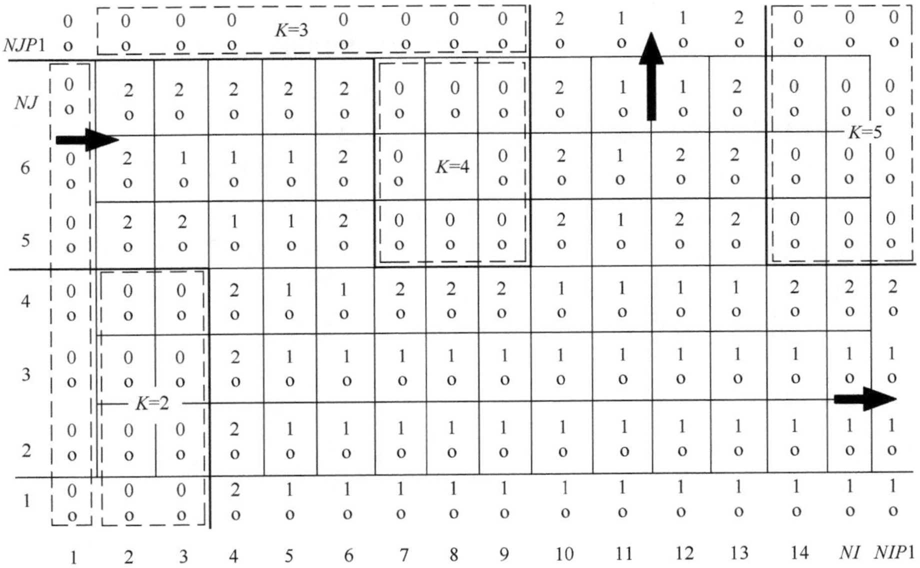

图 6.3　*LUMP* 和 *IFORS* 的值分布

表 6.1　图 6.3 对应 *LUMP* 值

K	*LUMPW*（*K*）	*LUMPE*（*K*）	*LUMPS*（*K*）	*LUMPN*（*K*）
1	1	1	1	7
1	2	3	1	4
1	1	9	8	8
1	7	9	5	7
NLUMP = 5	14	16	5	8

在接收到输入的 *LUMP* 值之后，在程序内为了识别几何形状和边界条件，整数矩阵 *IFRS*（*L*，*J*）被分配给每个标量网格节点。*IFRS* 的值取 0，1 或 2，每个值具有以下意义。

IFRS = 0：该标量网格点位于速度已知区域内（需要注意，固体内部也属于

速度已知区域)。

IFRS = 1 ：该标量网格点位于流场，且不属于 *IFRS* = 2 的网格点。

IFRS = 2 ：该标量网格点位于流场，且与速度已知边界相邻。

例如，根据表 6.1 所示的 *LUMP* 值，*IFORS* 值如图 6.3 所示自动设定。

如从 $I = 1$ 的网格点列可知，位于速度已知的流入口的网格节点，以及固体内的网格节点被同等处理，都设定为 *IFRS* = 0。在 *IFRS* = 0 的速度已知区域内，不进行实质意义上的计算，计算区域被缩小到 *IFRS* = 1 或 2 的流场。另外，为了有效地进行 5.3.3 节中所述的边界面上的处理，对与边界邻接的网格节点，设定 *IFORS* = 2，与流场中的其他网格点相区别。

对于交错网格，由于速度和标量的定义位置是错开的，因此需要注意在速度已知边界上的设置方法。例如，如图 6.4 所示，假设将矩形计算区域的西边界和区域内部的固体壁面设置为速度已知边界，与速度已知边界垂直的速度分量原本定义在边界上，因此速度边界值的输入没有问题。但是，其他的变量，即平行于边界的速度分量和标量所定义的位置，与边界相分离。如果始终忠实于交错网格，则需要进行向外插值等操作。但是，如图 6.4 所示，我们将仅限于速度已知边界上平行于边界的速度分量和标量的边界值作为特例，存储在相邻速度已知区域内的定义点上。因此，例如流入口的 v 速度分量，以及标量的边界值也可以不向外插

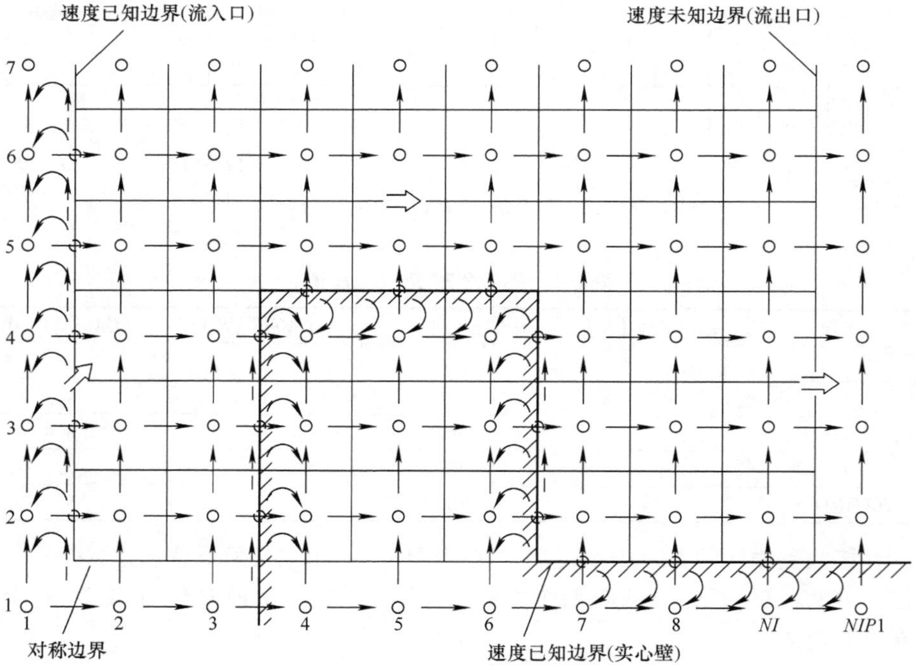

图 6.4　边界值的处理方法

值，在 $I=1$ 区域的定义点上原样输入即可。此外，在程序内，这些值被判断为不是定义点的值而是相邻的边界的值，并且，可以采用在 5.3 节中给出的边界值的适当处理措施。但是，在输出计算结果时，考虑到与这些定义点对应的外插值，观察输出结果的用户完全不会意识到上面的特殊处理。

6.2 程序概述

6.2.1 关于网格和变量编号的规定

在对程序进行说明之前，让我们首先说明有关控制体积单元和变量编号的相关规定。如图 6.5 所示，划分标量控制体积单元的纵线及横线坐标分别为 $X(I)(I=1\sim NI)$ 及 $Y(J)(J=1\sim NJ)$。另外，极坐标形式下的坐标分别为 $XP(I)(I=1\sim NIP1)$ 及 $YP(J)(J=1\sim NJP1)$。在设定网格时，用户只需设定 $X(I)$ 及 $Y(J)$ 即可。另外，以 $X(I)$、$Y(J)$ 为首，我们将程序中使用的程序变量记载在表 6.2 中，以便随时查询。

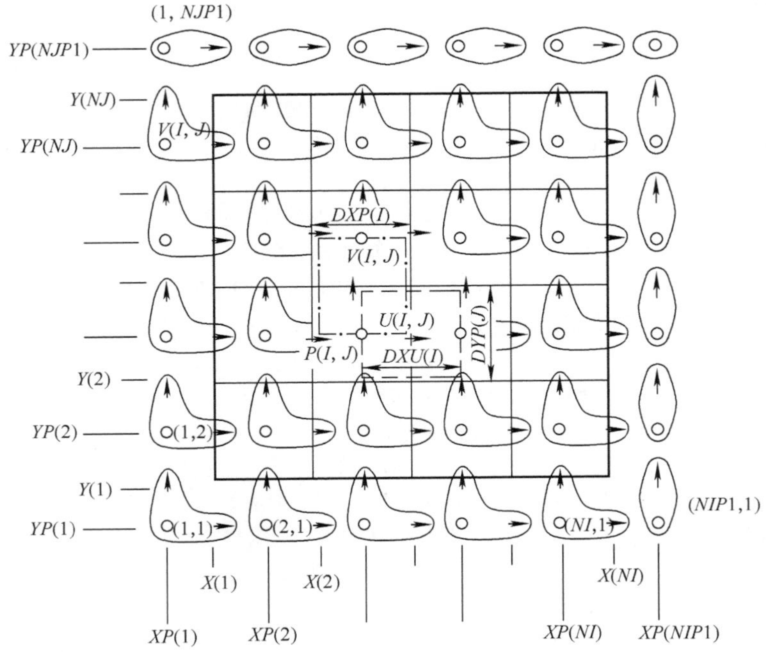

图 6.5　编号相关规章

表 6.2　程序 SUNSET-C 记号表

记号	含　义	相关式 / 图
AE（I，J）	a_E，差分式的表面系数。	式（5.31a）
AI（N）	对应于三重对角行列式的系数 a。	式（5.46）
AK	$\aleph=0.41$，卡尔曼常数。	式（5.65）
ALPHA（IPHI）	α，松弛系数。	式（5.48）
AN（I，J）	a_N，差分式的北面系数。	式（5.31c）
AP（I，J）	a_P，差分式的极限系数。	式（5.33a）
AS（I，J）	a_S，差分式的南面系数。	式（5.31d）
ASS（I）	SOLPHI 内的南面系数工作区域。	
AW（I，J）	a_W，差分式的西面系数。	式（5.31b）
B	$B=5$，对数速度分布的切片。	式（5.65）
BI（N）	对应于三重对角行列式的系数 a_N。	式（5.46）
BIGNO	10^{30}，在生成项设定时使用的大值（Big number）。	式（5.63a）
C	函数 GAMWAL 中的第二预测值。	式（5.69）
C0	函数 GAMWAL 中的第一预测值。	式（5.68）
CI（N）	对应三重对角行列式的系数 a_S。	式（5.46）
DELX（I）	线段，$(\delta x)_e$ = DELX（I），$(\delta x)_W$ = DELX（I − 1）对应	图 6.10
DELY（J）	线段，$(\delta x)_n$ = DELX（J），$(\delta y)_Z$ = DELY（J − 1）	图 6.10
DI（N）	三重对角行列式的系数 d 对应。	式（5.46）
DIRCOS	c_x 重力矢量的方向余弦（Directional cosine）	图 5.1
DTIME	Δt，时间刻度。	
DX（I）	Δx，一般控制容积的尺寸。	图 6.10
DXP（I）	X（I）− X（I − 1），标量控制容积的尺寸。	图 6.5
DXU（I）	XP（I + 1）− XP（I），u 控制容积的尺寸。	图 6.5
DY（J）	Δy，一般控制容积的尺寸。	图 6.10
DYP（J）	Y（J）− Y（J − 1），标量控制容积的尺寸。	图 6.5
DYV（J）	YP（J + 1）− YP（J），v 控制策略的尺寸。	图 6.5
FACX（I）	对应内插时的权重，f_e = FACX（I），f_w =1 − FACX（I − 1）。	图 6.10
FACY（J）	对应内插时的权重，f_n = FACY（J），f_s =1 − FACY（J − 1）。	图 6.10
FE	$F_e=u_e\Delta yr_x$，通过 e 面的流量。	式（5.32a）
FN	$F_n=v_n\Delta xr_n$，通过 n 面的流量。	式（5.32c）
FS（I）	$F_s=v_s\Delta xr_x$，通过 s 面的流量。	式（5.32d）
FW	$F_w=u_w\Delta yr_x$，通过 w 面的流量。	式（5.32b）
GAM（I，J）	$\Gamma=v$/PRLAM + v_t/PRTUR，一般扩散系数。	表 5.1
GAMWAL	Γ_{wall}，基于限定律的湍流涡流黏性系数。	式（5.75）
GRNO	$Gr=g\beta\Delta T_{\text{ref}}L^3_{\text{ref}}/v_0^2$，格拉晓夫数（Grashof number）。	式（5.23b）
HEADIN（7，10）	输出的项目标题（Heading）。	
I	x 方向的坐标。	
ICNTDF	对流项的中心差分指定整数值。	

（续）

记号	含　义	相关式 / 图
IDIR	扫描方向控制参数。	
IEND	位于最东端的一号控制容积。	
IFORS（I，J）	形状识别用整数排列（Is it in a field or solid？）。	图 6.3
INTPRI	输出间隙控制参数（Interval for printing）。	
IP	6，压力的 IPHI 值。	
IPC	3，压力校正值的 IPHI 值。	
IPHI	因变量指定用整数值。	
IPR	输出控制参数。	
IPREND	输出控制参数。	
IPRINT（IPHI）	指定输出（1）还是（0）（Printing）。	
IRAD	指定轴对称问题（1）还是（0）（Radial）。	
IREAD	指定（Read it）是读取已有的结果（1）还是（0）。	
IREF	基准压力地点的 x 方向的序号（I for reference pressure）。	
IRMAX	最大残差发生地点 x 方向的序号（I for maximum residual）。	
ISCAN	监视地点的坐标（I for scanning）。	
ISOLVE（IPHI）	指定（Solve it）该方程式的解（1）还是（0）。	
IT	4，温度的 IPHI 值。	
ITERT	重复计算次数的计数器（Integer for iteration）。	
ITIMST	时间进行次数的计数器（Integer for time step）。	
ITURB	指定湍流（1）还是层流（0）（Is it turbulent？）。	
IU	1，u 速度分量的 IPHI 值。	
IV	2，v 速度分量的 IPHI 值。	
IW	5，w 速度分量的 IPHI 值。	
J	y 方向的坐标。	
JDIW	二维数组的 y 方向上的最大尺寸。	
JDIR	扫描方向控制参数。	
JEND	位于最北端的控制容积的 J 坐标。	
JREF	基准压力地点 J 坐标（J for reference pressure）。	
JRMAX	最大残差发生处的 J 坐标。	
JSCAN	监视地点 J 号（J for scanning）。	
K	灯的号码。	图 6.3
LUMPE（K）	位于斜坡内最东端的标量格子点的 I 号地。	表 6.1
LUMPN（K）	在斜坡内位于最北端的标量格子点的门牌号。	表 6.1
LUMPS（K）	斜坡内位于最北端的标量格子点的 J 号。	表 6.1
LUMPW（K）	位于斜坡内最西端的标量格子点的 I 号地。	表 6.1
NI	用于区分标量控制量的纵格子线的数量。	
NIM1	NI − 1	图 6.3
NIP1	NJ + 1	图 6.3

（续）

记号	含 义	相关式 / 图
NITERT	区分速度已知区域的灯数（Numer of iteration）。	
NJ	区分标量控制量的横向网格线数。	图 6.3
NJM1	NJ − 1	图 6.3
NJP1	NJ + 1	图 6.3
NLUMP	区分速度已知区域的灯的数目（Number of lumps）。	表 6.1
NPHI	5，关注的支配方程式的数量（Numer of PHIs）。	
NPHIP1	NPHI + 1	
NTIMST	每次执行的时间进行次数（Numer of time steps）。	
P（I，J）	p，压力。	
PC（I，J）	p'，压力修正值（Pressure correction）。	式（5.36b）
PHI（I，JJ）	ϕ，一般从属变量。	表 5.1
PHIOLD（I，JJ）	ϕ^o，旧时间的 ϕ。	式（5.26）
PHIPR（I，J）	条目 PRINTS 内的 ϕ 存储用二维排列。	
PR	Pr，层流平板数。	
PREF	基准压力（Reference pressure）。	
PRLAM	一般层流平板数。	
PRTUR	一般紊流平板数。	
PSCAN	监测点的压力（Pressure for scanning）。	
RENO	$Re = u_{ref}L_{ref}/\nu_0$，雷诺数（Reynolds number）。	式（5.23a）
RESMAX	质量守恒式的最大残差（Maximum residual）。	式（5.45f）
RX（J）	$r_x = (r_n + r_s)/2$，$r_x\Delta y$ 与东西的检查面积对应。	图 6.10
RY（J）	r_n = RY（J），r_s = RY（J − 1）对应。	图 6.10
SC（I，J）	S_c，线性化的生成项的常数项。	式（5.51）
SDX（I，J）	d_x，速度校正公式中的系数。	式（5.39）
SDY（I，J）	d_y，速度校正公式中的系数。	式（5.41）
SP（I，J）	S_P，线性化的生成项的斜率。	式（5.51）
T（I，J）	T，温度。	
TIME	t，时间。	
U（I，J）	u，x 方向的速度分量。	
UTAN	u_τ，摩擦速度。	式（5.66）
V（I，J）	v，y 方向的速度分量。	
W（I，J）	w，周方向的速度分量。	
X（I）	区分标量控制量的纵格子线坐标。	图 6.5
XP（I）	标量网格点的 x 坐标。	图 6.5
XRP（I）	入口 PRINTS 中的输出打印用 x 坐标。	
Y（J）	区分标量控制容积的横格子线坐标。	
YP（J）	标量网格点的 y 坐标。	图 6.5
YPR（J）	条目 PRINTS 中的打印用 y 坐标。	

作为标量的压力 $P(I, J)$，压力修正值 $PC(I, J)$，温度 $T(I, J)$，以及周向速度分量 $W(I, J)$ 全部由○表示的标量网格节点定义。另一方面，速度分量 $U(I, J)$ 以及 $V(I, J)$ 定义在标量控制体积单元的边界面 e，以及边界面 n 的中央，包含的变量分配相同的编号 (I, J)。此外，标量控制体积单元的尺寸分别为 $DXP(I)$ 和 $DYP(J)$，u 控制体积单元在 x 方向的尺寸，以及 v 控制体积单元在 y 方向的尺寸分别为 $DXU(I)$ 以及 $DYV(J)$。

另外，如图 6.6 所示，从属变量矩阵 $U(40, 40)$，$V(40, 40)$，$PC(40, 40)$，$T(40, 40)$，$W(40, 40)$，以及二次从属变量压力 $P(40, 40)$，通过赋值给一般性变量矩阵 $PHI(40, 240)$ 进行计算。其中，整数型变量 $IPHI$（*Identification for PHI*）分别对应于 $IU=1$，$IV=2$，$IPC=3$，$IT=4$，$IW=5$，以及 $IP=6$。各变量的编号 (I, J) 与变量 PHI 的 $[I, J+(IPHI-1)*40]$ 编号相对应。例如，$T(I, J)$ 对应于 $PHI(I, J+120)$。另外，上一个时刻的计算结果也以同样的方式存储在一个变量 $PHIOLD(40, 240)$ 中，这样一来，一般性变量矩阵 PHI 和 $PHIOLD$ 可以以相同的方式进行处理，如输出相关的工作则可通过紧凑的形式进行程序的编写。

另外，当需要重新求解湍流扰动能量和其耗散率等标量方程时，可以在 $W(40, 40)$ 区域和 $P(40, 40)$ 区域之间加入新的变量区域。

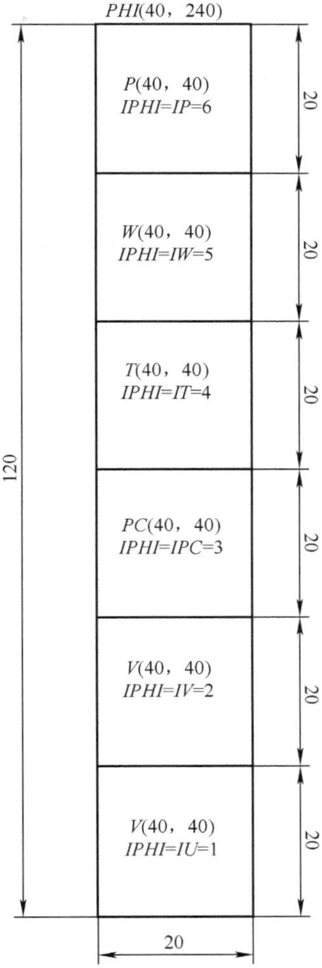

图 6.6　*PHI*(40，240) 共享索引号

6.2.2　主程序上的流程

主程序的代码详见附录 C。本文中涉及代码的部分，会在“( )”内注明程序中函数的名字。对于本书读者，在阅读本节之后的内容时，强烈建议对照附录的代码进行理解。同时，本书还会将文中涉及的程序代码附在各个文字说明之后，并用黑体注明语句编号。

主程序的流程图如图 6.7 所示，通过用户输入的 *DATABLOCK* [子函数 *void DATABLOCK*（*void*）]，程序的各参数在编译时即被设定。另外，从提高程序效率的意义上来说，在理解了输入参数之后，最好改写为 *READ* 语句形式，读取参数文件里的数值。在参数设定后，首先调用子程序 *CONVOL* [*void CONVOL*（*void*）// 计算控制体积的尺寸] 来计算标量网格节点的坐标和控制体的尺寸。接下来，根据输入的 *LUMP* 值，通过调用 *CONFIG* [*void CONFIG*（*void*）// 通过 *LUMP* 值设定 *IFORS* 值] 来设定整数值阵列 *IFRS* 的值，用来识别几何形状和边界条件。然后，通过 *INITIA* [*void INITIA*（*void*）// 初始默认值的设定] 给一般性变量矩阵 *PHI* 的各个元素全部初始化为默认值 0，计算时刻 *TIME* 设为 0 后，各变量的边界值通过

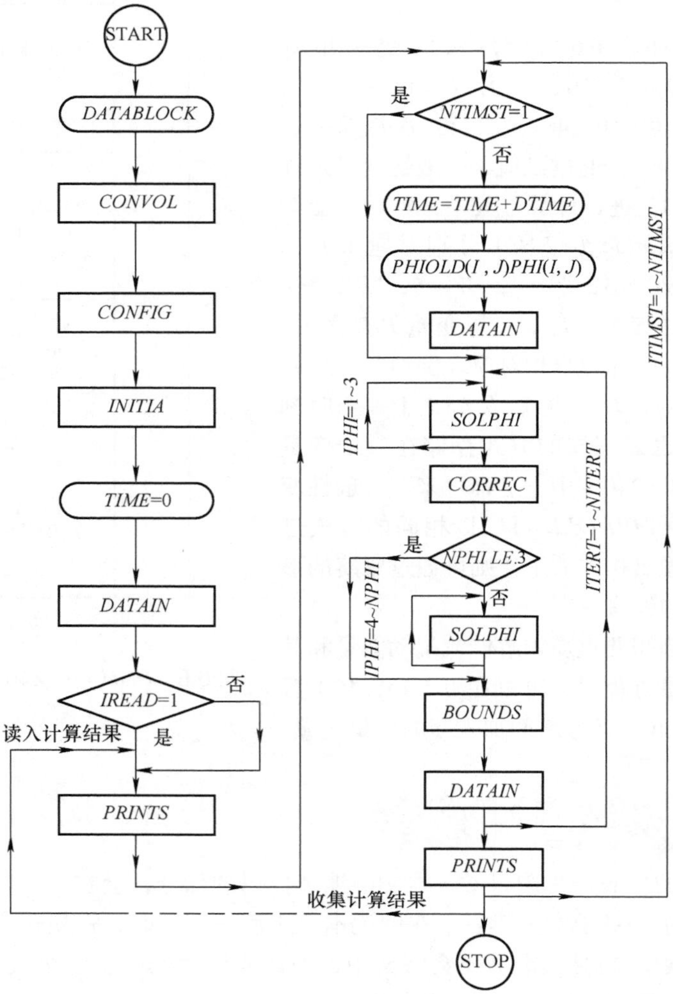

图 6.7　主程序的流程图

DATAIN [*void DATAIN*（*void*）// 用户自定义设置] 来设定，并为之后的迭代计算进行准备。如果想读取计算途中的结果并继续计算，可以通过设定 *IREAD*（*Read it*）为 1 来实现，矩阵 *PHI* 的计算结果被将被覆盖，保留读取的结果以便继续计算。在计算的准备完成后，通过 *PRINTS* 初始化输出结果。之后，程序将进入一个（大）循环来实现时间的推进。时间计算步数的计数器 *ITTIMST*（*Integer for a time step*）从 1 开始直到达到 *NTIMST*（*Number of time steps*）为止，在此期间程序重复如下操作。

首先，判断 *NTIMST* 是是否等于 1（是否进行稳定计算）。当 *NTIMST* 被设定为超过 1 的值时，视为要求进行非稳态计算，时间推进一个 *DTIME*（Δt）的同时，*PHI* 的内容将作为上一个时刻的计算结果保存在 *PHIOLD* 中。然后，再次调用 *DATAIN* 设定新时刻的边界值。此外，当指定了稳定计算时，上述过程将被省略。接下来，为了获得新时刻的收敛解，程序开始迭代计算。在计数器 *ITERT* 达到 *NITERT* 之前，程序将重复以下（小）循环中的操作。首先，当 *IPHI* 在 1、2 和 3 时调用 *SOLPHI*，通过求解动量方程 u、动量方程 v，以及压力修正方程，得到 U，V，*PC* 的值。紧接着，调用 *CORREC* 来修正压力场和速度场。接下来，*IPHI* 从 4 到 *NPHI* 为止，通过调用 *SOLPHI* 来依次求解剩下的标量方程式。这里，*NPHI*（*Number of PHIs*）是程序内包含的控制方程的数量。如果仅考虑 u 动量方程、v 动量方程、压力修正方程、能量守恒方程和 w 动量方程，则 *NPHI*（= *IW*）设定为 5。但是，如在 6.3 节中所描述的，各个控制方程实际上是否被求解，可以通过整数型排列 *ISOLVE* 来单独指定。由 *ISOLVE* 指定的所有控制方程被求解后，通过调用 *BOUNDS* 对速度未知边界和对称边界处的边界值进行更新。为了重新开始迭代计算，再次调用 *DATAIN*。稳态计算时，此时可以输出中途的计算结果。

当程序从执行迭代计算的（小）循环中跳出时，*PHI* 保存着新时刻的收敛解，当时间进行的步数 *ITIMST* 可以被 *INTPRI*（*Intervalforprinting*）整除时，程序输出该时刻收敛解。进而，当程序从执行时间推进的（大）循环中跳出后，最终时刻的收敛解将被保存在文件中，程序停止运行。另外，该文件不仅可以作为再次进行计算的输入文件，还可以用于计算结果的图表处理。

6.2.3　子程序的分类

6.2.2 节中，通过主程序的流程图（图 6.7）我们对程序 SUNSET-C 的概要进行了说明。接下来，对构成程序的各子程序分别进行简单的说明，同时对各个子程序进行定位和分类。

主程序中出现的子程序可以分为图 6.8 所示的四个组，即子例程 *INOUTS*、*SOLPHI*、*UPDATE* 和用户的输入区域（*USER'SWORKINGAREA*）。以下分别说明各组的子程序。

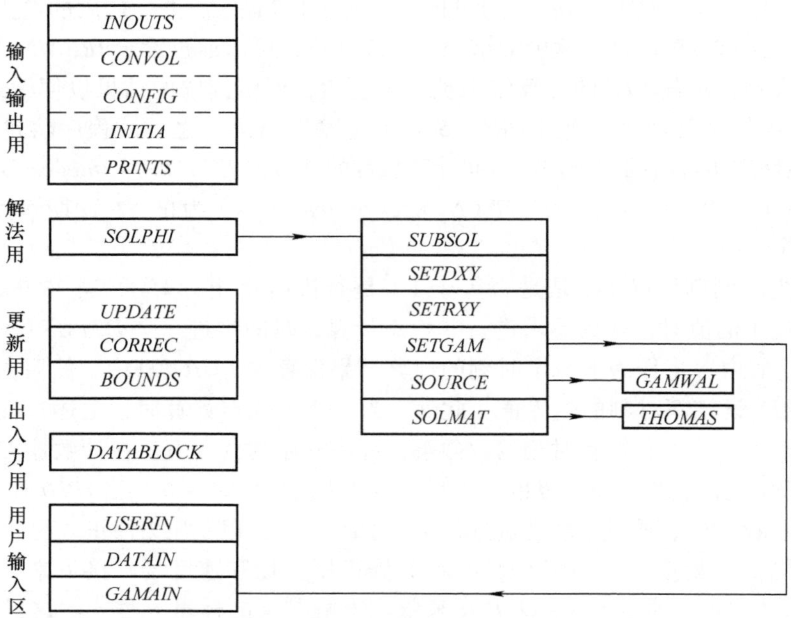

图 6.8　子程序的分类及定位

- 子例程 *INOUTS*：用于输入输出的四个子程序。

子程序 *CONVOL*：计算控制体积的尺寸。

子程序 *CONFIG*：通过 *LUMP* 值设定 *IFORS* 值。

子程序 *INITIA*：初始默认值的设定。

子程序 *PRINTS*：结果输出。

- 子例程 *SOLPHI*：用于求解一般形式控制方程的核心程序，并包括子程序例程 *SUBSOL*。

- 子例程 *UPDATE*：用于更新计算值的两个子程序。

子程序 *CORREC*：求解压力修正方程式后，对速度场和压力场进行更新。

子程序 *BOUNDS*：速度未知边界和对称边界的边界值的更新。

- 用户输入区域：由 *DATABLOCK* 和子例程 *USERIN* 构成。

DATABLOCK：网格线及各种参数的输入。

子例程 *USERIN*：设定默认值以外的边界值，以及对湍流模型的设定。

另外，如图 6.8 所示，对包含压力修正式在内的控制方程式进行处理的子例程 *SOLPHI*，包括由 5 个子程序组成的子例程 *SUBSOL*。

子例程 *SUBSOL* 的子程序如下。

子程序 *SETDXY*：控制体的尺寸设置。

子程序 *SETRXY*：半径方向坐标 r_x、r_n 和 r_s 的设定。

子程序 *SETGAM*：扩散系数 Γ 的设定（调用 *GAMAIN*）。

子程序 *SOURCE*：源项的设定（调用 *GAMWAL*）。

子程序 *SOLMAT*：通过调用子例程 *THOMAS* 使用 *TDMA*（*TriDiagonal-Matrix-Algorithm*）求解矩阵。

函数 *GAMWAL* 和子例程 *THOMOAS*，作为最小的程序单位，分别在子例程 *SOURCE* 和 *SOLMAT* 内频繁地被调用。

函数 *GAMWAL*：根据近壁函数计算 Γ_{wall}。

子例程 *THOMAS*：使用 TDMA 法求解矩阵。

以上，对各子程序进行了概要说明。6.3 节以后，我们针对每一个例程，对其所属的子程序进行更加详细的说明。首先，我们优先说明用户输入区域的 *DATA-BLOCK* 和子程序 *USERIN*，这两个部分提供了足以使程序实际运行的信息。

6.3 程序的输入方法和输出格式

6.3.1 输入数据说明

用户输入区域（*USER'SWORKINGAREA*）由 *DATABLOCK* 和子例程 *USERIN* 构成。所有的输入工作都在该区域内进行，只要没有大幅度的变更，如添加新的控制程序等，就不需要对该区域以外的区域进行修改。因此，用户输入最好将用户输入区域从程序主体上分离出来进行编辑。

这里，我们将图 6.9 所示的空腔流动作为标准问题来说明输入操作。假设有一个边长 L_{ref}（参照长度）的正方形腔，其中上壁从静止状态开始以速度 u_{ref}（参照速度）突然移动。按照 5.1.3 节的方针进行无量纲化，则需满足如下的初始条件和边界条件。

初始条件（$t=0$）:

在 $0 \leqslant x^* \leqslant 1$ 且 $0 \leqslant y^* \leqslant 1$ 范围内

$$u^* = v^* = T^* = 0 \tag{6.4}$$

边界条件（$t>0$）:

在 $y^*=0$ 处

$$u^* = v^* = T^* = 0 \tag{6.5}$$

在 $x^*=0$ 或 $x^*=1$ 处

$$u^* = v^* = 0 \tag{6.6a}$$

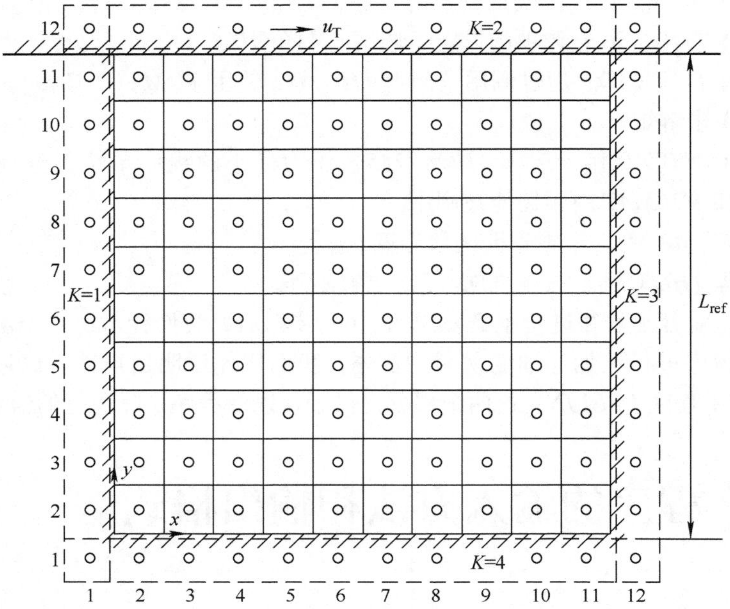

图 6.9　空腔流动网格

$$\frac{\partial T^*}{\partial x^*}=0\text{（绝热壁面）}\tag{6.6b}$$

在 $y^*=1$ 处

$$u^*=T^*=1\tag{6.7a}$$

$$v^*=0\tag{6.7b}$$

在附录 C 程序列表后部的用户输入区域中，载有关于该例非稳态问题输入的 *DATABLOCK* 和子例程 *USERIN*。

- *DATABLOCK*

在第 1 段的 *DATA* 语句如下。

```
// 第 1 段
    NTIMST=10;// 时间的行进次数；
    NITERT=30;// 迭代次数；
    DTIME=0.1;// 时间步长；
    RENO=100.0;// 雷诺数；
    GRNO=0.0;// 格拉晓夫数；
    DIRCOS=0.0;// 重力方向的余弦；
    PR=1.0;// 普朗特数；
    ITURB=0;// 湍流指定参数；
    IRAD=0;// 轴对称坐标指定参数。
```

时间的行进次数 $NTIMST = 10$，每个时刻的迭代次数 $NITERT = 30$，（无量纲）时间步长 $DTIME = 0.1$，雷诺数 $Re（= u_{ref}L_{ref}/\nu）= 100$，格拉晓夫数 $G_r = 0$，重力方向的余弦 $DIRCOS = 0$，普朗特数 $PR = 1$，湍流指定参数 $ITURB = 0$，以及轴对称坐标指定参数 $IRAD = 0$。根据上述参数计算，无次元时间为 $DTIME \times NTIMST = 1$，这个计算的总迭代次数等于 $NTIMST \times NITERT = 300$。另外，上述例子中，参考时间（$L_{ref}/u_{ref}$）相当于固定在上壁面上的一点从左端移动到右端所需的时间。由于这里采用完全阴解法，所以时间步长 *DTIME* 的大小没有限制。但是，时间步长越大，收敛所需的迭代次数也随之增加，*NITERT* 也必须相应增大。

在第 2 段 *DATA* 语句中，对以下参数进行了设定。

```
//第 2 段
        NI=11;// 标量控制体网格的纵线数量；
        NJ=11;// 标量控制体网格的横线数量；
        ISCAN=6;// 迭代计算中输出各速度成分的监视点的编号；
        JSCAN=11;// 迭代输出各压力的监视点的编号；
        IREF=2;// 压力基准的 I 方向点；
        JREF=2;// 压力基准的 J 方向点；
        INTPRI=2; 输出迭代次数的间隔；
        ICNTDF=0; 指定为中心差分；
        IREAD=0; 中途读入计算结果与否，0 不读入，1 读入；
        NLUMP=4; 和已知速度的边界相邻的网格区域个数。
```

对此，也可以理解为划分标量控制体网格的纵线和横线的数量为 $NI = 11$，$NJ = 11$。另外，时常输出各速度成分（*USCAN*，*VSCAN*）和压力（*PSCAN*）的监视点的编号为 $ISCAN = 6$，$JSCAN = 11$，基准压力点的编号为 $IREF = 2$，$JREF = 2$，输出间隔指定参数 $INTPRI = 2$，中心差分指定参数 $ICNTDF = 0$，中间计算结果不读入指定参数 $IREAD = 0$，等。当然，取压力基准的网格点必须设置在流场内。注意：如果错误地设为 $IREF = 1$，$JREF = 1$，则无法确定压力的积分常数。另外，在指定 $ICNTDF = 1$ 使用中心差分时，必须考虑使网格间隔和时间步长足够小，以避免解的发散。

在第 3 段 *DATA* 语句中，输入了指定速度已知区域的 *LUMP* 值。

```
//第 3 段
        LUMPW[1]=1;LUMPW (K) 中 K=1 属西边界，西边界 I 的起始值 LUMPW[1] 是 1;
        LUMPE[1]=1; 西边界 I 的终止值是 1;
        LUMPS[1]=1; 西边界 J 的起始值是 1;
        LUMPN[1]=12; 西边界 J 的起始值是 12;
        LUMPW[2]=1;LUMPW (K) 中 K=2 属北边界，北边界 I 的起始值 LUMPW[2] 是 1;
        LUMPE[2]=12; 北边界 I 的终止值是 12，以下略；
        LUMPS[2]=12;
        LUMPN[2]=12;
```

```
LUMPW[3]=12; 东边界 I 的起始值是 12，以下略；
LUMPE[3]=12;
LUMPS[3]=1;
LUMPN[3]=12;
LUMPW[4]=1; 南边界 I 的起始值是 1，以下略；
LUMPE[4]=12;
LUMPS[4]=1;
LUMPN[4]=1。
```

如图 6.9 中虚线所示腔体的周围，都属于速度已知区域。因此，*LUMP* 的总数 *NLUMP* 等于 4，按照西边界壁（$K=1$），北（移动）边界壁（$K=2$），东边界壁（$K=3$）和南边界壁（$K=4$）的顺序示出了 *LUMPW*（*K*），*LUMPE*（*K*），*LUMPS*（*K*），*LUMPN*（*K*）的值。

接下来第 4 段 *DATA* 语句，输入了划分标量控制体的纵线和横线的坐标 *X* (*I*) 和 *Y* (*J*)。

```
//第 4 段
        X[1]=0.0;
        X[2]=0.1;
        X[3]=0.2;
        X[4]=0.3;
        X[5]=0.4;
        X[6]=0.5;
        X[7]=0.6;
        X[8]=0.7;
        X[9]=0.8;
        X[10]=0.9;
        X[11]=1.0;
        Y[1]=0.0;
        Y[2]=0.1;
        Y[3]=0.2;
        Y[4]=0.3;
        Y[5]=0.4;
        Y[6]=0.5;
        Y[7]=0.6;
        Y[8]=0.7;
        Y[9]=0.8;
        Y[10]=0.9;
        Y[11]=1.0。
```

这里，设置为等间隔网格。另外，改变 *NI* 或 *NJ* 来增减横纵线时，这里的读入终点（这个例子中为 11）也不要忘记修改。

接下来第 5 段，设置求解控制方程式是否求解（*ISOLVE*（*IPHI*）= 1/0），1 是求解 /0 是不求解，以及计算结果是否要输出（*IPRINT*（*IPHI*）= 1/0），1 是输出 /0

是不输出。这里 $IPHI=1$ 到 6，各代表 u，v，p'，T，w，p。

```
//第 5 段
        ISOLVE[1]=1;// 求解 u 方程；
        ISOLVE[2]=1;// 求解 v 方程；
        ISOLVE[3]=1;// 求解 p' 方程；
        ISOLVE[4]=1;//T;
        ISOLVE[5]=0;// 不求解 w 方程；
        IPRINT [1]=1;// 输出 u 方程结果；
        IPRINT [2]=1;// 输出 v 方程结果；
        IPRINT [3]=0;// 不输出 p' 方程结果；
        IPRINT [4]=1;// 输出 T 方程结果；
        IPRINT [5]=0;// 不输出 w 方程结果；
        IPRINT [6]=1;// 输出 p 方程结果。
```

在这个例子中，求解 u、v、p' 和 T，并输出 u、v、T 和 p 的结果。

接下来第 6 段，输入了缓和系数 *ALPHA*（*IPHI*），u 和 v 速度分量的缓和系数是 0.3，压力修正值的缓和系数是 1，其他的变量 T，w 是 0.5。对于压力，考虑到安全方面，设定为 0.2。

```
//第 6 段
        ALPHA[1]=0.3;// u 速度分量的缓和系数；
        ALPHA[2]=0.3;//v 速度分量的缓和系数；
        ALPHA[3]=1.0;// 压力修正值的缓和系数；
        ALPHA[4]=0.5;//T 的缓和系数；
        ALPHA[5]=0.5;//w 的缓和系数；
        ALPHA[6]=0.2;// 压力的缓和系数。
```

另外，从第 6 段 *DATA* 语句中 $NPHI=5$，程序中注目的方程是 5 个，1 到 6 对应 *IPHI*（*IU*，*IV*，*IPC*，*IT*，*IW*，*IP*）值分别代表 u，v，p'，T，w 和 p。二维模型 J 的最大个数为 40。另外，正如在程序列表中注释为 *DONOTALTERTHEDATABELOW*，只要不添加新的控制方程，包括缓和系数在内的该部分的数据就可以不改变。

- 子例程 *USERIN*

子程序 *DATAIN*：作为速度已知边界之一的北（移动）壁面的 u 速度分量和温度取默认值 0 以外的值，因此需要在该子程序 *DATAIN*（*Feeddatain*）内设置其边界值。这些边界值如 6.1.3 节中约定的那样，保存于与边界速度已知区域相邻的定义点上。因此，为了满足边界条件式（6.7a），将 $J=NJP1$（$=12$）的 U 和 T 设定为 1。为了进一步编入绝热的边界条件，将 $I=1$ 以及 $NIP1$ 的 T 设置为与内部温度相等。

```
void DATAIN(void)
{
        int I, J;
        for (I=1; I <= NI; I++)
        {
                PHI[I][NJP1 + JJU]=1.0;
        }
        for (I=1; I <= NIP1; I++)
        {
                PHI[I][NJP1 + JJT]=1.0;
        }
        for (J=2; J <= NJ; J++)
        {
                PHI[1][J + JJT]=PHI[2][J + JJT];
                PHI[NIP1][J + JJT]=PHI[NI][J + JJT];
        }

}
```

子程序 *GAMAIN*：当考虑运动黏度系数、扩散系数等在时间空间上的变化时，或者通过湍流计算设定涡黏性系数模型时，必须在子程序 *GAMAIN*（*FeedGammasin*）中记述其关系。虽然，在卷末的程序中，*GAMAIN* 的内容被省略了，但是这样做的话，ν 相当于被认为是常数，按照式（5.24c），运动黏度系数被设定为雷诺数的倒数。另外，这个 *GAMAIN* 在 *SETGAM* 中是一定要被调用，所以在 *GAMAIN* 的内容被省略的情况下也必须保留。

```
void GAMAIN(void)
{
    return;
}
```

6.3.2 出力书式

在上一节中，我们以空腔流为例对输入数据进行了说明 . 使用这些输入数据所输出的结果记载在了卷末的程序列表中。在输入控制参数一览的下方显示了 *IFORS* 值，在其后展示了各从属变量的初始值。这时，定义点的 x 坐标和 y 坐标分别显示在下方和右方，然后随着每次迭代计算，记录时间进行次数的计数器 *ITTIMST*、时刻 *TIME*、记录计算迭代次数的计数器 *ITERT*，质量守恒方程中的最大残差 $RESMAX = |F_e - F_w + F_n - F_s|$（*Maximum residual*）所产生的坐标（*IRMMAX*, *JRMMAX*），及监视值 *USCAN*、*VSCAN*、*PSCAN* 也同样被输出。这里 *INTPRI* 设定

为 2，每进行 2 次计算则输出 1 次计算结果。然后，最终时刻（*TIME* = 1）的计算结果存储在文件中，程序停止。

由于每个从属变量的结果是基于交错网格输出的，所以变量 u，v 的定义位置（即，所输出的 x 和 y 坐标值）与其他变量的坐标值是不同的。进一步需要注意的是，如6.1.3节中所约定的，在属于速度已知区域的 $y = 1.05$ 的值，并不是位于 $y = 1$ 的上壁面的边界值（$u = T = 1$），而是外推值（即 $t = 0$ 的 $u = T = 2$）。

另外，想要将存储有这些计算结果的文件（根据输入设备编号 1）读入程序，并继续执行计算时，将 *IREAD* 重新设定为 1 并执行程序即可。将刚才的 *DATA-BLOCK* 中的一部分修改为 *NTIMST* = 1，*NITERT* = 120，*INTPRI* = 50，*IREAD* = 1，切换为稳态计算后，其计算结果打印在卷末。另外，*NTIMST* = 1 相当于指定了稳态计算，*DTIME* 的设定值将被忽略。

首先输入的中途计算结果被打印出来，之后每次反复计算 50 次，结果都被打印出来。最后，打印第 120 次的迭代计算结果，并同时生成该结果的保存文件。第 100 次和第 120 次迭代的计算结果几乎相同，因此可以看出计算收敛到了稳定值。

另外，根据计算精度的要求合理判断计算是否收敛即可。但是，在将残差的绝对值 *RESMAX* 作为收敛判定基准时，需要注意残差强烈依赖于控制体的尺寸。另外，*RESMAX* 在到达收敛的过程中也会出现反复周期性增减的情况，但总体上残差水平有减少的倾向。

以上，我们阐述了用户应了解的关于空腔流动的输入操作和输出格式的相关事项 . 至此，读者应该已经能够自由地利用本程序解决具体问题了 . 虽然本章将继续对其余的子程序进行解说，但是如果想先体验一下程序运行的话，可以跳到下一章，先试算两三个例子。

6.4 各个子程序的相关说明

6.4.1　子例程 *INOUTS*

- 子程序 *CONVOL*

在 *CONVOL*（*ControIvolume*）中，根据输入分割控制容积的纵线和横线的坐标 $X(I)$ 和 $Y(J)$，计算出标量网格节点的 $XP(I)$，$YP(J)$ 坐标，以及每个控制体的尺寸 $DXP(I)$，$DYP(J)$，$DXU(I)$，$DYV(J)$。

```
void CONVOL(void)// 计算控制体积的尺寸
{
```

```
    int I,J;

    NIP1=NI + 1;
    NIM1=NI - 1;
    NJP1=NJ + 1;
    NJM1=NJ - 1;

    for(I=2;I<=NI;I++)//1100
    {
                DXP[I]=X[I] - X[I - 1];
                XP[I]=0.5*(X[I] + X[I - 1]);
    }//end 1100

    XP[1]=X[1] - 0.5*DXP[2];
    XP[NIP1]=X[NI] + 0.5*DXP[NI];
    DXP[1]=DXP[2];
    DXP[NIP1]=DXP[NI];

    for(I=1;I<=NI;I++)//1200
    {
                DXU[I]=XP[I+1] - XP[I];
    }//END 1200

    for(J=2;J<=NJ;J++)//1300
    {
                DYP[J]=Y[J] - Y[J - 1];
                YP[J]=0.5*(Y[J]+Y[J - 1]);
    }//END 1300

    YP[1]=Y[1] - 0.5*DYP[2];
    YP[NJP1]=Y[NJ] + 0.5*DYP[NJ];
    DYP[1]=DYP[2];
    DYP[NJP1]=DYP[NJ];

    for(J=1;J<=NJ;J++)//1400
    {
                DYV[J]=YP[J+1] - YP[J];
    }//END 1400

    return;
}
```

- 子程序 *CONFIG*

在 *CONFIG*（*Configuration*）中，根据与指定已知速度区域所用的 *LUMP* 的相关数据 *NLUMP*，*LUMPW*（*K*），*LUMPE*（*K*），*LUMPS*（*K*），*LUMPN*（*K*），设定用

于几何形状和边界条件识别设置的 *IFORS*（*I*，*J*）值。

```
void CONFIG(void)// 通过 LUMP 值设定 IFORS 值
{
        int I,J,K;
        NULLL=0;

        for(J=1;J<=NJP1;J++)//2100
        {
                for(I=1;I<=NIP1;I++)//2100
                {
                        IFORS[I][J]=1;
                }//END 2100I
        }//END 2100J

        if(NLUMP!=0)
        {

        for(K=1;K<=NLUMP;K++)//2200
        {
                for(J=LUMPS[K];J<=LUMPN[K];J++)//2200
                {
                        for(I=LUMPW[K];I<=LUMPE[K];I++)//2200
                        {
                                IFORS[I][J]=0;
                        }//END 2200I
                }//END 2200J
        }//END 2200K

        for(K=1;K<=NLUMP;K++)//2300
        {
                for(I=LUMPW[K];I<=LUMPE[K];I++)//2400
                {
                        J=LUMPS[K] - 1;
                        if(J>1)//2450
                        {
                                if(IFORS[I][J]==1)IFORS[I][J]=2;
                        }//END 2450
                        J=LUMPN[K] + 1;
                        if(J<NJP1)//2400
                        {
                                if(IFORS[I][J]==1)IFORS[I][J]=2;
                        }
                }//END 2400I
```

```
                for(J=LUMPS[K];J<=LUMPN[K];J++)//2300
                {
                        I=LUMPW[K] - 1;
                        if(I>1)//2350
                        {
                                if(IFORS[I][J]==1)IFORS[I][J]=2;
                        }//end 2350
                        I=LUMPE[K] + 1;
                        if(I<NIP1)//2300
                {
                        if(IFORS[I][J]==1)IFORS[I][J]=2;
                }//end 2300
            }//END 2300J
        }//END 2300K

        }
}
```

- 子程序 *INITIA*

在*INITIA*(*Initialize*) 中，因变量u, v, p', T, w和压力p设定为默认值0。此外，为了让压力校正方程式（5.44）的系数 $a_E \sim a_S$ 都为 0，速度校正方程式（5.38）和式（5.40）中的系数 $SDX(= dx)$ 和 $SDY\ (= dy)$ 设置为 0。也就是说，作为压力修正公式的边界条件，将条件 $(u' = v' = 0)$ 施加在已知速度边界上，而与边界的类型无关。但在边界的子程序 *SOURCE* 中设置了一个与速度位置边界相关的独立系数。

```
void INITIA(void)// 初始默认值的设定
{
        int I,J,J0,JJ;
        ZERO = 0;
        NPHIP1 = NPHI + 1;
        for(IPHI=1;IPHI<=NPHIP1;IPHI++)//3100
        {
                J0 = (IPHI-1)*JDIM;
                for(J=1;J<=NJP1;J++)//3100
                {
                        JJ = J0 + J;
                        for(I=1;I<=NIP1;I++)//3100
                        {
                                PHI[I][JJ]=ZERO;
                        }//END 3100I
                }//END 3100J
        }//end 3100IPHI
        for(J=1;J<=NJP1;J++)//3200
```

```
        {
                for(I=1;I<=NIP1;I++)//3200
                {
                        SDX[I][J] = ZERO;
                        SDY[I][J] = ZERO;
                }//END 3200I
        }//END 3200J

        PHI[IREF][JJT+JREF] = 1.E-30;

        return;
}
```

- 子程序 *PRINTS*（为便于阅读，此处未列出详细代码，请参照附录 C）

在 *PRINTS* 中，仅当 u，v，p'，T，w 和 $p(IPHI = 1 \sim 6)$ 的 *IPRINT*（*IPHI*）为 1 时，输出计算结果。*XPR*(*I*) 和 *YPR*(*J*) 是用于打印工作的数组，交错网格中每个节点的坐标与之相对应。首先，将 *PHI* 的内容复制给用于打印的阵列 *PHIPR*，并与边界表面相邻的速度已知区域中的定义点处，将通过外推边界值而获得的值存储在 *PHIPR* 中。在标题 *HEADIN* 下输出 *PHIPR*，在右侧打印 y 坐标值 *YPR*，在下方打印 x 坐标值 *XPR*。

6.4.2　子例程 *SOLPHI*

u，v，p'，T 和 w 的控制方程式都在该子例程 *SOLPHI*（*SolvePHI*）中进行处理。首先，调用 *SETDXY* 和 *SETRXY* 来设置因变量的控制体积的尺寸和半径，然后调用 *SETGAM* 指定扩散系数 *GAM* 的空间分布，并为计算离散方程系数 $a_E \sim a_S$ 的计算做准备。

位于语句编号 **1100** 的循环内，最南端的控制体积的检查面 s 上的流量 F_S 和系数 a_S 存储在 *FS*(*I*) 和 *ASS*(*I*) 中。

```
for(I=2;I<=IEND;I++)//1100
        {
                if(IPHI==IU)//1200
                {
                        VS = 0.5*(PHI[I][1+JJV]+PHI[I+1][1+JJV]);
                        GAMS =
0.25*(GAM[I][1]+GAM[I+1][1]+GAM[I][2]+GAM[I+1][2]);
                }else if(IPHI==IV)//1200 1300 1400
                {
                        VS = 0.5*(PHI[I][1+JJV]+PHI[I][2+JJV]);
                        GAMS=GAM[I][2];
```

```
            }else//1400          1300
            {
                    VS = PHI[1][1+JJV];
                    GAMS = 0.5*(GAM[1][1]+GAM[1][2]);
            }//1300
            FS[I] = VS*DX[I]*RY[1];
            if(IPHI==IPC)//1500
            {
                    ASS[I] = DX[I]*RY[1]*SDY[I][1];
            }else{//1500 1100
                    DS = GAMS*DX[I]/DELY[1]*RY[1];
                    A = 0.5*FS[I]+DS;
                    ASS[I] = AMAX1(A,FS[I],0.0);
            }//1100
    }//END 1100
```

在语句编号 **1600** 的两重循环的外层循环处，位于最西端的控制体积的检查表面 w 上的流量 FW 和系数 AW 被算出，在内层循环开始处，设定 $AW(I, J)= AWW$ 以及 $AS(I, J)= ASS(I)$，然后设置检查面 e 和检查面 n 上的流量 FE，FN，以及系数 $AE(I, J)$，$AN(I, J)$。此外，在移至东部的控制体积之前更新 AWW，$ASS(I)$ 以及 $FS(I)$ 的值。另外，除非将 $ICNTDF$ 指定为 1，将根据式（5.50）通过 *Hybird* 法进行修改。

```
for(J=2;J<=JEND;J++)//1600
        {
                if(IPHI==IU)//1700
                {
                        UW = 0.5*(PHI[1][J+JJU]+PHI[2][J+JJU]);
                        GAMW=GAM[2][J];
                }else if(IPHI==IV)//1700 1800 1900
                {
                        UW = 0.5*(PHI[1][J+JJU]+PHI[1][J+1+JJU]);
                        GAMW =
0.25*(GAM[1][J]+GAM[1][J+1]+GAM[2][J]+GAM[2][J+1]);
                }else//1800 1900
                {
                        UW = PHI[1][J+JJU];
                        GAMW = 0.5*(GAM[1][J]+GAM[2][J]);
                }//1900
                FW = UW*DY[J]*RX[J];//1800
                if(IPHI==IPC)//2100
                {
                        AWW = DY[J]*RX[J]*SDX[1][J];
```

```
}else{//2100 2200
        DW = GAMW*DY[J]/DELX[1]*RX[J];
        A = 0.5*FW + DW;
        AWW = AMAX1(A,FW,0.0);
}//2200

for(I=2;I<=IEND;I++)//1600
{
        AW[I][J] = AWW;
        AS[I][J] = ASS[I];

        UE = PHI[I][J+JJU];
        GAME =(1.0-FACX[I])*GAM[I][J]+FACX[I]*GAM[I+1][J];
        VN = PHI[I][J+JJV];
        GAMN =(1.0-FACY[J])*GAM[I][J]+FACY[J]*GAM[I][J+1];
        if(IPHI==IU)//2300
        {
                UE = 0.5*(PHI[I][J+JJU]+PHI[I+1][J+JJU]);
                GAME = GAM[I+1][J];
                VN = 0.5*(PHI[I][J+JJV]+PHI[I+1][J+JJV]);
                GAMN =
0.5*(1.0-FACY[J])*(GAM[I][J]+GAM[I+1][J])+0.5*FACY[J]*(GAM[I][J+1]+GAM[I+1][J+1]);

        }
        if(IPHI==IV)//2500
        {
                UE = 0.5*(PHI[I][J+JJU]+PHI[I][J+1+JJU]);
                GAME =
0.5*(1.0-FACX[I])*(GAM[I][J]+GAM[I][J+1])+0.5*FACX[I]*(GAM[I+1][J]+GAM[I+1][J+1]);
                VN = 0.5*(PHI[I][J+JJV]+PHI[I][J+1+JJV]);
                GAMN = GAM[I][J+1];
        }
        FE = UE*DY[J]*RX[J];
        FN = VN*DX[I]*RY[J];
        if(IPHI==IPC)//2600
        {
                AE[I][J] = DY[J]*RX[J]*SDX[I][J];
                AN[I][J] = DX[J]*RY[J]*SDY[I][J];
                AWW = AE[I][J];
                ASS[I] = AN[I][J];
                SC[I][J] = FW-FE+FS[I]-FN;
                SP[I][J] = ZERO;
                if(IFORS[I][J]!=0)//2700
                {
```

```
                    RES = fabs(SC[I][J]);
                    if(RES>RESMAX)//2700
                    {
                          RESMAX = RES;
                          IRMAX = I;
                          JRMAX = J;
                    }//2700
               }//2700
          }else{//2600 2700
               DE = GAME*DY[J]/DELX[I]*RX[J];
               A = -FACX[I]*FE+DE;
               AE[I][J] = AMAX1(A,-FE,0.0);
               if(ICNTDF==1)AE[I][J] = A;
               A = (1.0-FACX[I])*FE+DE;
               AWW = AMAX1(A,-FE,0.0);
               if(ICNTDF==1)AWW = A;
               DN = GAMN*DX[I]/DELY[J]*RY[J];
               A = -FACY[J]*FN+DN;
               AN[I][J]=AMAX1(A,-FN,0.0);
               if(ICNTDF==1)AN[I][J] = A;
               A = (1.0-FACY[J])*FN+DN;
               ASS[I] = AMAX1(A,FN,0.0);
               if(ICNTDF==1)ASS[I] = A;
               SC[I][J]=ZERO;
               if(IPHI==IU)
SC[I][J]=DY[J]*RX[J]*(PHI[I][J+JJP]-PHI[I+1][J+JJP]);
               if(IPHI==IV)
SC[I][J]=DX[J]*RX[J]*(PHI[I][J+JJP]-PHI[I][J+1+JJP]);
               RES = FE-FW+FN-FS[I];
               SP[I][J]=-AMAX1(0.0,RES,0.0);
               if(ICNTDF==1) SP[I][J] = -RES;
          }//2700
          FW = FE;
          FS[I] = FN;
     }//END 1600I
}//END 1600J
```

对于压力修正公式 ($IPHI = IPC$)，不仅设置系数 $a_E \sim a_S$，而且还计算与生成项相对应的 $SC(I, J) = FW - FE + FS(I) - FN$，并记录了绝对值的最大值 $RESMAX$ 及其出现的位置 ($IRMAX$，$JRMAX$)。此外，u 和 v 的运动方程式中的压力项也存储在 $SC(I, J)$ 中。

6.4.3 子例程 *UPDATE*

- 子程序 *CORREC*

在 *CORREC(Correction)* 中，根据式（5.36a）和式（5.36b），修正速度场和压力场。另外，各速度分量和温度可以通过 5.3.1 节中描述的方法，通过以下校正公式对压力进行修正。

$$
\begin{aligned}
P(I,J) &= (1.-ALPHA(IP))*P(I,J)+ALPHA(IP)*(P(I,J)+PC(I,J)) \\
&= P(I,J)+ALPHA(IP)*PC(I,J)
\end{aligned}
$$

修正后的压力减去参考压力 *PREF*，并将 *PC*(*I*, *J*) 再次设置为 0，为下一次迭代计算做准备。

```
void CORREC(void)// 求解压力修正方程式后，对速度场和压力场进行更新
{
        int I,J;
        double PREF;

  for(I=2;I<=NI;I++)//1100
                {
                for(J=2;J<=NJ;J++)//1100
        {
                        PHI[I][J+JJU] =
PHI[I][J+JJU]+SDX[I][J]*(PHI[I][J+JJPC]-PHI[I+1][J+JJPC]);
                        PHI[I][J+JJV] =
PHI[I][J+JJV]+SDY[I][J]*(PHI[I][J+JJPC]-PHI[I][J+1+JJPC]);
                        PHI[I][J+JJP] = PHI[I][J+JJP]+ALPHA[IP]*PHI[I][J+JJPC];
                }//END 1100J
        }//END 1100I
        PREF = PHI[IREF][JREF+JJP];
        for(I=2;I<=NI;I++)//1200
        {
                for(J=2;J<=NJ;J++)//1200
                {
                        PHI[I][J+JJP]=PHI[I][J+JJP]-PREF;
                        if(IFORS[I][J]==0) PHI[I][J+JJP] = ZERO;
                        PHI[I][J+JJPC] = ZERO;
                }//END 1200J
        }//END 1200I
}
```

- 子程序 *BOUNDS*

在 *BOUNDS*（*Boundaries*）中，更新对称边界和速度未知边界的边界值。首

先，针对矩形计算区域的东边界和西边界，根据与出入流相关的条件表达式（6.1b）设置速度未知边界。然后，针对北边界处未知速度边界上，同样根据边界条件方程式（6.2b）设置边界条件。另外，平行于边界的速度分量不需要处理，因为 *INITIA* 中已经将其设置为 0。另一方面，对于如温度和压力等标量，根据式（6.1c）和式（6.2c）进行外推处理。

对于构成南部边界一部分的对称边界，除去已进行初始设定的速度成分 v 之外，对其余变量根据对称条件方程式（6.3c）进行设定。另外，在跳出 *BOUNDS* 之前，将已知速度区域中的所有速度分量都设置为 0，不为 0 的边界值将在 *DATAIN* 中进行设定。

```
void BOUNDS(void)// 速度未知边界和对称边界的边界值的更新
{
        int I,J,J0,JJ;
        double FACR,FACW,FACE,FACN;

        for(J=2;J<=NJ;J++)
        {
                PHI[1][J+JJU] = ZERO;
                PHI[NI][J+JJU] = ZERO;

                PHI[1][J+JJV] = ZERO;
                PHI[NI][J+JJV] = ZERO;
        }

        for(I=2;I<=NI;I++)
        {
                PHI[I][NJ+JJU] = ZERO;
                PHI[I][NJ+JJU] = ZERO;

                PHI[I][1+JJV] = ZERO;
                PHI[I][1+JJV] = ZERO;
        }

  for(J=2;J<=NJ;J++)//2000
        {
                if(IFORS[1][J]!=0) PHI[1][J+JJU]=PHI[2][J+JJU];
                if(IFORS[NIP1][J]!=0) PHI[NI][J+JJU]=PHI[NIM1][J+JJU];
        }//END 2000
        FACR = 1.0;
        if(IRAD==1) FACR = Y[NJM1]/Y[NJ];
        for(I=2;I<=NI;I++)//2100
        {
                if(IFORS[I][NJP1]!=0) PHI[I][NJ+JJV]=FACR*PHI[I][NJM1+JJV];
```

```
}//END 2100
FACW = DXU[2]/(DXU[2]+DXU[1]);
FACE = DXU[NIM1]/(DXU[NIM1]+DXU[NI]);
FACN = DYV[NJM1]/(DYV[NJM1]+DYV[NJ]);
NPHIP1 = NPHI+1;
for(IPHI=4;IPHI<=NPHIP1;IPHI++)//2200
{
    J0 = (IPHI-1)*JDIM;
    for(J=2;J<=NJ;J++)//2250
    {
        JJ = J0+J;
        if(IFORS[1][J]!=0) PHI[1][JJ] = 
(PHI[2][JJ]-(1.0-FACW)*PHI[3][JJ])/FACW;
        if(IFORS[NIP1][J]!=0) PHI[NIP1][JJ] = 
(PHI[NI][JJ]-(1.0-FACW)*PHI[NIM1][JJ])/FACE;
    }//END 2250
    JJ = J0 + NJ;
    for(I=2;I<=NI;I++)
    {
        if(IFORS[I][NJP1]!=0) PHI[I][JJ+1] = 
(PHI[I][JJ]-(1.0-FACW)*PHI[I][JJ-1])/FACN;
    }//END 2200I
}//END 2200J
for(IPHI=1;IPHI<=NPHIP1;IPHI++)//2300
{
    if(IPHI!=IV&&IPHI!=IPC)//2300
    {
        J0 = (IPHI-1)*JDIM;
        for(I=1;I<=NIP1;I++)//2350
        {
            if(IFORS[I][1]!=0) PHI[I][J0+1]=PHI[I][J0+2];
        }//END 2350
    }//2300
}//END 2300
for(J=2;J<=NJ;J++)//2400
{
    for(I=2;I<=NIM1;I++)//2400
    {
        if(IFORS[I][J]==0||IFORS[I+1][J]==0) PHI[I][J+JJU] = ZERO;
    }//2400I
}//2400J
for(I=2;I<=NI;I++)//2450
{
    for(J=2;J<=NJM1;J++)//2450
    {
```

```
                if(IFORS[I][J]==0||IFORS[I][J+1]==0) PHI[I][J+JJV] = ZERO;
            }//2450J
        }//2450I
}
```

6.4.4 子程序 *SUBSOL*

- 子程序 *SETDXY*

在此，首先将矩形计算区域中的控制体积的最终编号记录在 *IEND* 和 *JEND* 中。然后，将与变量的控制体积的尺寸和权重因子有关的参数存储在如图 6.10 所示的工作数组 *DX*(*I*)，*DY*(*J*)，*DELX*(*I*)，*DELY*(*J*)，*FACX*(*I*) 和 *FACY*(*J*) 中。

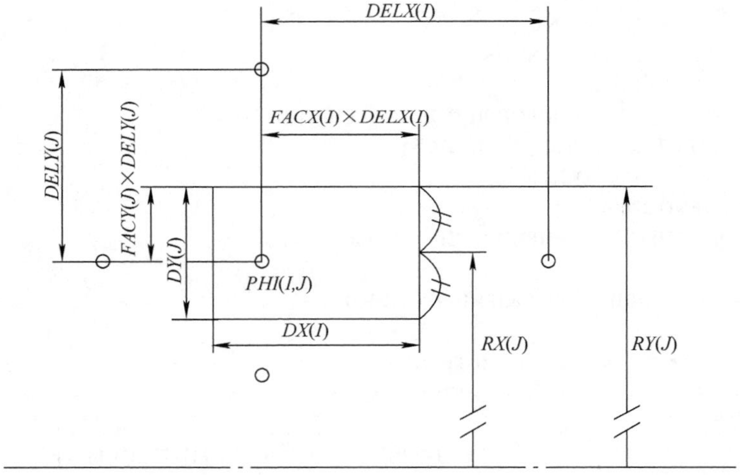

图 6.10 *SETDXY* 和 *SETRXY* 的各个记号

- 子程序 *SETRXY*

这里，根据式 (5.16) 对每个控制体积的 r 进行设定。对于平面问题 (*IRAD* = 0)，*RX*(*J*) 和 *RY*(*J*) 均设为 1。对于轴对称问题 (*IRAD* = 1)，如图 6.10 所示，将编号 (*I*, *J*) 处的控制体积的检查面 n 的半径 r_n 存储在 *RY*(*J*)，将式（5.29a）中定义的 r_x 存储在 *RX*(*J*) 中。

```
void SETDXY(void)// 控制体的尺寸设置
{
        int I,J;
    IEND = NI;
```

```
        JEND = NJ;

        for(I=1;I<=IEND;I++)//1100
        {
                DX[I] = DXP[I];
                DELX[I] = DXU[I];
        }//END 1100I

        for(J=1;J<=JEND;J++)//1200
        {
                DY[J] = DYP[J];
                DELY[J] = DYV[J];
        }//END 1200

        for(I=2;I<=IEND;I++)//1700
        {
                FACX[I] = 0.5*DX[I]/DELX[I];
        }//END 1700

        for(J=2;J<=JEND;J++)//1800
        {
                FACY[J] = 0.5*DY[J]/DELY[J];
        }//END 1800

        if(IPHI==IU)//1300
        {
                IEND = NIM1;
                for(I=1;I<=IEND;I++)//1400
                {
                        FACX[I] = 0.5;
                        DX[I] = DXU[I];
                        DELX[I] = DXP[I+1];
                }//END 1400
        }//1300
        if(IPHI==IV)//1500
        {
                JEND = NJM1;
                for(J=1;J<=JEND;J++)//1600
                {
                        FACY[J] = 0.5;
                        DY[J] = DYV[J];
                        DELY[J] = DYP[J+1];
                }//END 1600
        }//1500
}
```

• 子程序 *SETGAM*

此处，设置各个变量的扩散系数Γ。首先，程序默认为层流流场，在语句编号 **3200** 的循环中，将运动黏度系数作为雷诺数的倒数。但扩散系数如果在空间上发生变化，则在退出循环后通过调用 *GAMAIN* 进行设置。特别是在湍流计算中，在 *GAMAIN* 中根据用户导入的湍流模型计算涡黏性系数，以及层流黏性系数的总和 *GAM*(*I*, *J*)。

```
void SETGAM(void)// 扩散系数 Γ 的设定 ( 调用 GAMAIN)
{
		int I,J;
		double PRLAM;

	PRLAM = 1.0;
		if(IPHI==IT) PRLAM = PR;
		for(I=1;I<=NIP1;I++)//3200I
		{
			for(J=1;J<=NJP1;J++)//3200J
			{
				GAM[I][J] = 1.0/RENO/PRLAM;
			}//END 3200J
		}//END 3200I
		GAMAIN();

}
```

• 子程序 *SOURCE*

在 *SOURCE* 中，计算每个控制方程的源项 *S* 的积分值。同时，如第 5.3 节中所描述，对已知速度边界处进行处理。*SOURCE* 分为 *u* 运动方程，*v* 运动方程，压力修正方程和其他控制方程 4 个部分，并且通过 *IPHI* 值将程序导入各个部分。各部分的前半部分专门用于源项的计算，而后半部分专门用于边界处的处理。

首先，在语句编号 **4100** 的 2 重循环中设置 *u* 运动方程的源项。生成项不包括已经在 *SOLPHI* 中储存在 *SC*(*I*, *J*) 中的压力项

$$\int_s^n\int_w^e\left(\frac{\partial}{\partial x}r\Gamma\frac{\partial u}{\partial x}+\frac{\partial}{\partial y}r\Gamma\frac{\partial v}{\partial x}+rc_x\frac{Gr}{Re^2}T\right)\mathrm{d}x\mathrm{d}y$$

从一项开始按顺序计算。这时，必须注意控制体积 *u* 与标量定义点之间的位置关系。Γ_e 则使用 *GAM*(*I* + 1, *J*) 和 *GAM*(*I*, *J*)，Γ_n，Γ_s，Γ_p则使用内插值。接着，对于边界处进行处理。首先，对于与 *x* 轴垂直的速度已知边界，根据式（5.63a）和式（5.63b）设定 *u* 速度分量。进一步，当控制体的 *n* 检查面或 *s* 检查面是已知

速度边界时，执行式（5.62a）和式（5.62b）的处理后可以正确估计此处的剪应力。另外，当指定湍流计算时，通过调用函数 *GAMWAL*，根据壁定律计算扩散系数Γ_{wall}。

```
for(I=2;I<=IEND;I++)//4100
            {
                for(J=2;J<=JEND;J++)//4100
                {
                    WP = 0.5*(PHI[I][J+JJW]+PHI[I+1][J+JJW]);
                    GAMP=0.5*(GAM[I][J]+GAM[I+1][J]);
                    SC[I][J] = SC[I][J] +
(GAM[I+1][J]*(PHI[I+1][J+JJU]-PHI[I][J+JJU])/DELX[I]-GAM[I][J]*(PHI[I][J+JJU]-PHI[I-1]
[J+JJU])/DELX[I-1])*DY[J]*RX[J];
                    GAMN =
(1.0-FACY[J])*GAMP+0.5*FACY[J]*(GAM[I][J+1]+GAM[I+1][J+1]);
                    GAMS =
FACY[J-1]*GAMP+0.5*(1.0-FACY[J-1])*(GAM[I][J-1]+GAM[I+1][J-1]);
                    SC[I][J] = SC[I][J] +
GAMN*(PHI[I+1][J+JJV]-PHI[I][J+JJV])*RY[J]-GAMS*(PHI[I+1][J-1+JJV]-PHI[I][J-1+JJV])*
RY[J-1];
                    SC[I][J] = SC[I][J] +
DIRCOS*GRNO/(RENO*RENO)*TSOL*0.5*(PHI[I+1][J+JJT]+PHI[I][J+JJT])*DX[I]*DY[J]*
RX[J];

                    if(IFORS[I][J]==2)//4110
                    {
                        if(IFORS[I+1][J]==0)//4040
                        {
                            SC[I][J] = BIGNO*PHI[I][J+JJU];
                            SP[I][J] = -BIGNO;
                        }//4040
                        if(IFORS[I][J+1]==0)//4120
                        {
                            if(ITURB==1)//4045
                            {
                                UP =
pow((pow((PHI[I][J+JJU]-PHI[I][J+1+JJU]),2)+(WP-0.5*(PHI[I][J+1+JJW]+PHI[I+1][J+1+JJW]))*
(WP-0.5*(PHI[I][J+1+JJW]+PHI[I+1][J+1+JJW]))*WSOL),0.5);
                                GAMP =
GAMWAL(UP,DY[J],RENO,1.0,IPHI);

                            }//4045
                            AN[I][J] = ZERO;
                            F =
```

```
0.5*(PHI[I][J+JJV]+PHI[I+1][J+JJV])*DX[I]*RY[J];
                                        A = -F +
GAMP/(0.5*DY[J])*DX[I]*RY[J];
                                        DSP=-AMAX1(A,-F,0.0);
                                        SC[I][J] =
SC[I][J]-DSP*PHI[I][J+1+JJU];
                                        SP[I][J]=SP[I][J]+DSP;
                                }//4120
                                if(IFORS[I][J-1]==0)//4110
                                {
                                        if(ITURB==1)//4125
                                        {
                                                UP =
pow((pow((PHI[I][J+JJU]-PHI[I][J-1+JJU]),2)+pow((WP-0.5*(PHI[I][J-1+JJW]+PHI[I+1][J-1+J
JW])),2)*WSOL),0.5);
                                                GAMP =
GAMWAL(UP,DY[J],RENO,1.0,IPHI);

                                        }//4125
                                        AS[I][J] = ZERO;
                                        F =
0.5*(PHI[I][J-1+JJV]+PHI[I+1][J-1+JJV])*DX[I]*RY[J-1];
                                        A =
F+GAMP/(0.5*DY[J])*DX[I]*RY[J-1];
                                        DSP = -AMAX1(A,F,0.0);
                                        SC[I][J] =
SC[I][J]-DSP*PHI[I][J-1+JJU];
                                        SP[I][J] = SP[I][J]+DSP;
                                }//4110
                        }//4110
                        if(IFORS[I][J]==0)//4100
                        {
                                SC[I][J] = BIGNO*PHI[I][J+JJU];
                                SP[I][J] = -BIGNO;
                        }//4100
                }//END 4100J
        }//END 4100I
```

v 运动方程的源项，也在语句编号 **4200** 表示的 2 重循环中，以与 u 运动方程的设置相同的方式进行设定。但是，对于轴向对称问题，还需在黏性项的一部分 $(-2\Gamma/r)$ 中考虑由于存在涡流而产生离心力项 w^2，并分别加在 $SP(I, J)$ 和 $SC(I, J)$ 上。

```
for(I=2;I<=IEND;I++)//4200
        {
```

```
			for(J=2;J<=JEND;J++)//4200
			{
				WP = 0.5*(PHI[I][J+JJW]+PHI[I][J+1+JJW]);
				GAMP = 0.5*(GAM[I][J]+GAM[I][J+1]);
	SC[I][J]=SC[I][J]+(GAM[I][J+1]*RY[J]*(PHI[I][J+1+JJV]-PHI[I][J+JJV])/DELY[J]-G
AM[I][J]*RY[J-1]*(PHI[I][J+JJV]-PHI[I][J-1+JJV])/DELY[J-1])*DX[I];
				GAME =
(1.0-FACX[I])*GAMP+0.5*FACX[I]*(GAM[I+1][J]+GAM[I+1][J+1]);
				GAMW =
FACX[I-1]*GAMP+0.5*(1.0-FACX[I-1])*(GAM[I-1][J]+GAM[I-1][J+1]);
				SC[I][J] = SC[I][J] +
(GAME*(PHI[I][J+1+JJU]-PHI[I][J+JJU])-GAMW*(PHI[I-1][J+1+JJU]-PHI[I-1][J+JJU]))*RX[J];
				if(IRAD==1)//4150
				{
					SP[I][J] = SP[I][J] -
2.0*GAMP/RX[J]*DX[I]*DY[J];
					SC[I][J] = SC[I][J] +
0.25*pow((PHI[I][J+1+JJW]+PHI[I][J+JJW]),2)*DX[I]*DY[J]*WSOL;
				}//4150
				SC[I][J] =
SC[I][J]+pow((1.0-DIRCOS*DIRCOS),0.5)*TSOL*GRNO/(RENO*RENO)*0.5*(PHI[I][J+1+JJ
T]+PHI[I][J+JJT])*DX[I]*DY[J]*RX[J];
				if(IFORS[I][J]==2)//4210
				{
					if(IFORS[I][J+1]==0)//4140
					{
						SC[I][J] = BIGNO*PHI[I][J+JJV];
						SP[I][J] = -BIGNO;
					}//4140
					if(IFORS[I+1][J]==0)//4220
					{
						if(ITURB==1)//4145
						{
							VP =
pow((pow((PHI[I][J+JJV]-PHI[I+1][J+JJV]),2)+pow((WP-0.5*(PHI[I+1][J+JJW]+PHI[I+1][J+1+
JJW])),2)*WSOL),0.5);
							GAMP =
GAMWAL(VP,DX[I],RENO,1.0,IPHI);
						}//4145
						AE[I][J] = ZERO;
						F =
0.5*(PHI[I][J+JJU]+PHI[I][J+1+JJU])*DY[J]*RX[J];
						A = -F +
GAMP/(0.5*DX[I])*DY[J]*RX[J];
						DSP = -AMAX1(A,-F,0.0);
						SC[I][J] = SC[I][J] -
```

```
DSP*PHI[I+1][J+JJV];
                                        SP[I][J] = SP[I][J] + DSP;

                                }//4220
                                if(IFORS[I-1][J]==0)//4210
                                {
                                        if(ITURB==1)//4225
                                        {
                                                VP =
pow((pow((PHI[I][J+JJV]-PHI[I-1][J+JJV]),2)+pow((WP-0.5*(PHI[I-1][J+JJW])+PHI[I-1][J+1+J
JW]),2)*WSOL),0.5);
                                                GAMP =
GAMWAL(VP,DX[I],RENO,1.0,IPHI);

                                        }//4225
                                        AW[I][J] = ZERO;
                                        F =
0.5*(PHI[I-1][J+JJU]+PHI[I-1][J+1+JJU])*DY[J]*RX[J];
                                        A = F +
GAMP/(0.5*DX[I])*DY[I]*RX[J];
                                        DSP = -AMAX1(A,F,0.0);
        SC[I][J]=SC[I][J]-DSP*PHI[I-1][J+JJV];
                                        SP[I][J]=SP[I][J]+DSP;
                                }//4210
                        }//4210
                        if(IFORS[I][J]==0)//4200
                        {
                                SC[I][J] = BIGNO*PHI[I][J+JJV];
                                SP[I][J] = -BIGNO;
                        }//4200
                }//END 4200J
        }//END 4200I
```

语句编号 **5200** 至 **4320** 与压力修正公式有关。式（5.45f）中的 b 已在 *SOLPHI* 中进行设置，此处将修正位于边界处的压力修正公式的系数。也就是说，在语句编号 **4300** 的循环中，将压力修正公式的边界侧的系数设置为 0，以使得速度修正值在已知速度边界处为 0。在接下来的循环中，速度未知边界侧的系数速度与计算区域内部的系数相等。

```
else if(IPHI==IPC)//5300//5200
        {
                for(I=2;I<=IEND;I++)//4300
                {
```

```
            for(J=2;J<=JEND;J++)//4300
            {
                    if(IFORS[I][J]==2)//4300
                    {
                            if(IFORS[I+1][J]==0)AE[I][J]=ZERO;
                            if(IFORS[I-1][J]==0)AW[I][J]=ZERO;
                            if(IFORS[I][J+1]==0)AN[I][J]=ZERO;
                            if(IFORS[I][J-1]==0)AS[I][J]=ZERO;
                    }//4300
            }//END 4300J
    }//end 4300I

    for(J=2;J<=JEND;J++)//4310
    {
            if(IFORS[1][J]!=0)AW[2][J]=AE[2][J];
            if(IFORS[NIP1][J]!=0)AE[NI][J]=AW[NI][J];
    }//END 4310

    for(I=2;I<=IEND;I++)//4320
    {
            if(IFORS[I][NJP1]!=0)AN[I][NJ]=AS[I][NJ];
    }//END 4320
```

在语句编号 **5300** 之后，对其他控制方程式（此处为能量守恒方程式和 w 运动方程）进行通用的处理。开始时，根据式 (5.53a) 和式 (5.53b)，计算 w 运动方程的源项，并存储在 $SC(I, J)$ 和 $SP(I, J)$ 中，并对已知速度边界执行处理。请注意，如果需要对包含非零源项的控制方程进行求解，在一开始的源项计算部分进行添加即可。

```
else{//5300
        J0 = (IPHI-1)*JDIM;
        PRLAM = 1.0;
        if(IPHI==IT)PRLAM = PR;
        for(J=2;J<=JEND;J++)//4400
        {
                JJ = J0 + J;
                for(I=2;I<=IEND;I++)//4400
                {
                        if(IPHI==IW)//4460
                        {
                                DGAMDR =
(GAM[I][J+1]-GAM[I][J-1])/(YP[J+1]-YP[J-1])+GAM[I][J]/YP[J];
                                DSP =
```

```
-(0.5*(PHI[I][J+JJV]+PHI[I][J-1+JJV])+DGAMDR)*DX[I]*DY[J];
                                    SC[I][J] =
SC[I][J]+AMAX1(DSP,0.0,0.0)*PHI[I][J+JJW];
                                    SP[I][J] = SP[I][J]-AMAX1(-DSP,0.0,0.0);
                              }//4460
                              if(IFORS[I][J]==2)//4550
                              {
                                    GAMP = GAM[I][J];
                                    UPP=0.5*(PHI[I][J+JJU]+PHI[I-1][J+JJU]);
                                    VPP=0.5*(PHI[I][J+JJV]+PHI[I][J-1+JJV]);

                                    if(IFORS[I+1][J]==4430)//4430
                                    {
                                          if(ITURB==1)//4425
                                          {
                                                VP =
pow((pow((VPP-0.5*(PHI[I+1][J+JJV]+PHI[I+1][J-1+JJV])),2)+pow((PHI[I][J+JJW]-PHI[I+1][J
+JJW]),2)*WSOL),0.5);
                                                GAMP =
GAMWAL(VP,DX[I],RENO,PRLAM,IPHI);
                                          }//4425
                                          AE[I][J] = ZERO;
                                          F = PHI[I][J+JJU]*DY[J]*RX[J];
                                          A = -F + GAMP/(0.5*DX[I])*DY[J]*RX[J];
                                          DSP = -AMAX1(A,-F,0.0);
                                          SC[I][J] = SC[I][J]-DSP*PHI[I+1][JJ];
                                          SP[I][J] = SP[I][J]+DSP;
                                    }//4430
                                    if(IFORS[I-1][J]==0)//4450
                                    {
                                          if(ITURB==1)//4435
                                          {
                                                VP =
pow((pow((VPP-0.5*(PHI[I-1][J+JJV]+PHI[I-1][J-1+JJV])),2)+pow((PHI[I][J+JJW]-PHI[I-1][J+
JJW]),2)*WSOL),0.5);
                                                GAMP =
GAMWAL(VP,DX[I],RENO,PRLAM,IPHI);
                                          }//4435
                                          AW[I][J] = ZERO;
                                          F = PHI[I-1][J+JJU]*DY[J]*RX[J];
                                          A = F+GAMP/(0.5*DX[I])*DY[J]*RX[J];
                                          DSP = -AMAX1(A,F,0.0);
                                          SC[I][J] = SC[I][J]-DSP*PHI[I-1][JJ];
                                          SP[I][J] = SP[I][J] +DSP;
                                    }//4450
```

```
                    if(IFORS[I][J+1]==0)//4530
                    {
                        if(ITURB==1)//4455
                        {
                            UP = pow((pow((UPP-0.5*(PHI[I][J+1+JJU]+PHI[I-1][J+1+JJU])),2)+pow((PHI[I][J+JJW]-PHI[I][J+1+JJW]),2)*WSOL),0.5);
                            GAMP = GAMWAL(UP,DY[I],RENO,PRLAM,IPHI);
                        }//4455
                        AN[I][J] = ZERO;
                        F = PHI[I][J+JJV]*DX[I]*RY[J];
                        A=-F+GAMP/(0.5*DY[J])*DX[I]*RY[J];
                        DSP = -AMAX1(A,-F,0.0);
                        SC[I][J] = SC[I][J]-DSP*PHI[I][JJ+1];
                        SP[I][J] = SP[I][J] + DSP;
                    }//4530
                    if(IFORS[I][J-1]==0)//4550
                    {
                        if(ITURB==1)//4535
                        {
                            UP = pow((pow((UPP-0.5*(PHI[I][J-1+JJU]+PHI[I-1][J-1+JJU])),2)+pow((PHI[I][J+JJW]-PHI[I][J-1+JJW]),2)*WSOL),0.5);
                            GAMP = GAMWAL(UP,DY[J],RENO,PRLAM,IPHI);
                        }//4535
                        AS[I][J]=ZERO;
                        F=PHI[I][J-1+JJV]*DX[I]*RY[J-1];
                        A=F+GAMP/(0.5*DY[J])*DX[I]*RY[J-1];
                        DSP = -AMAX1(A,F,0.0);
                        SC[I][J]=SC[I][J]-DSP*PHI[I][JJ-1];
                        SP[I][J]=SP[I][J]+DSP;
                    }//4550
                }//4550
                if(IFORS[I][J]==0)//4400
                {
                    SC[I][J] = BIGNO*PHI[I][JJ];
                    SP[I][J] = -BIGNO;
                }//4400
            }//END 4400I
        }//END 4400J
        }
}
```

- 子程序 *SOLMAT*

在子例程 *SOLPHI* 中，子程序 *SOURCE* 调用后立即调用 *SOLMAT*（*Solvematrices*），以通过 *TDMA* 法求解行列式。

首先，在语句编号 **6100** 的循环中，根据式（5.33a）计算行列式的对角线分量 *AP*(*I*, *J*)。接着，根据式（5.49）修正迭代系数，并将速度和压力修正方程式所需的系数 d*x* 和 d*y* 存储在 *SDX*(*I*, *J*) 和 *SDY*(*I*, *J*)。

```
for(J=2;J<=JEND;J++)//6100
        {
                JJ = J0 + J;
                for(I=2;I<=IEND;I++)//6100
                {
                        AP[I][J] = AE[I][J]+AW[I][J]+AN[I][J]+AS[I][J]-SP[I][J];
                        if(IPHI!=IPC&&NTIMST!=1)//7000
                        {
                                DVDT = DX[I]*DY[J]*RX[J]/DTIME;
                                AP[I][J] = AP[I][J]+DVDT;
                                SC[I][J] = SC[I][J]+DVDT*PHIOLD[I][JJ];
                        }//7000
                        AP[I][J] = AP[I][J]/ALPHA[IPHI];
                        SC[I][J] = SC[I][J]+(1.0-ALPHA[IPHI])*AP[I][J]*PHI[I][JJ];
                        if(IPHI==IU)SDX[I][J]=DY[J]*RX[J]/AP[I][J];
                        if(IPHI==IV)SDY[I][J]=DX[I]*RX[J]/AP[I][J];
                }//END 6100I
        }//END 6100J
```

然后，通过 *TDMA* 法求解行列式。在求解之前，将控制矩阵扫描顺序的参数 *IDIR* 和 *JDIR*。下面的设置为计数器 *ITERT* 的函数。

$$IDIR = MOD(ITER,2)$$
$$JDIR = (ITERT + IDIR)/2$$
$$JDIR = MOD(JDIR,2)$$

也就是说，随着 *ITERT* 的增加，*IDIR* 和 *JDIR* 的发生如下变化。

ITERT	1	2	3	4	5	6	……
(*IDIR*, *JDIR*)	(1,1)	(0,1)	(1,0)	(0,0)	(1,1)	(0,1)	……

控制参数 *IDIR* 和 *JDIR* 如下控制列（I = 常数）或行（J = 常数）的移动。

$$IDIR=\begin{cases}1\text{：逐列解}TDM\text{后逐行解}TDM\\0\text{：逐行解}TDM\text{后逐列解}TDM\end{cases}$$

$$JDIR=\begin{cases}1\text{：为}TDMA\text{的遍历正方向移动}I(\text{或}J)\text{列(或行)}\\0\text{：为}TDMA\text{的遍历负方向移动}I(\text{或}J)\text{列(或行)}\end{cases}$$

例如，当 ($IDIR$，$JDIR$) = (1，1) 时，I 从 2 遍历到 $IEND$ 逐列扫描 $TDMA$，J 从 2 遍历到 $JEND$ 逐行扫描 $TDMA$。如此一来，可以最大程度地抑制由于扫描方向所引起的误差累积。另外，可以通过 *NRELAX*（*Numerofrelaxations*）来调整 *SOLMAT* 中重复扫描的次数，此处，根据经验，对于压力修正方程 $NRELAX = 3$，其他控制方程式 $NRELAX = 1$。

基于上述准备，执行扫描的步骤如下：首先，语句编号 **6500** 和 **7500** 的循环对应于方程式（5.46）中所示的行列式，a_N, a_S, a_P 和 d 分别储存在一维数组 BI，CI，AI 和 DI 中。

```
for(I=2;I<=IEND;I++)//6500
        {
            II = I;
            if(JDIR==0)II=IEND-I+2;
            for(J=2;J<=JEND;J++)//6600
            {
                JJ = J0 + J;
                BI[J-1]=AN[II][J];
                CI[J-1]=AS[II][J];
    DI[J-1]=SC[II][J]+AE[II][J]*PHI[II+1][JJ]+AW[II][J]*PHI[II-1][JJ];
                AI[J-1]=AP[II][J];
            }//END 6600
            DI[1]=DI[1]+AS[II][2]*PHI[II][J0+1];

    DI[JENDM1]=DI[JENDM1]+AN[II][JEND]*PHI[II][J0+JEND+1];
            THOMASJ();
            for(J=2;J<=JEND;J++)//6500
            {
                PHI[II][J0+J]=DI[J-1];
            }//6500J
        }//6500I
    }//6300
        for(J=2;J<=JEND;J++)//7500
        {
            JJ=J;
            if(JDIR==0)JJ=JEND-J+2;
            JJJ=J0+JJ;
```

```
                    for(I=2;I<=IEND;I++)//7600
                    {
                              BI[I-1]=AE[I][JJ];
                              CI[I-1]=AW[I][JJ];
DI[I-1]=SC[I][JJ]+AN[I][JJ]*PHI[I][JJJ+1]+AS[I][JJ]*PHI[I][JJJ-1];
                              AI[I-1]=AP[I][JJ];
                    }//7600
                    DI[1]=DI[1]+AW[2][JJ]*PHI[1][JJJ];
DI[IENDM1]=DI[IENDM1]+AE[IEND][JJ]*PHI[IEND+1][JJJ];
                    THOMASI();
                    for(I=2;I<=IEND;I++)//7500
                    {
                              PHI[I][JJJ]=DI[I-1];
                    }//7500I
          }//7500J
```

然后，当行列式的各元素都被设置后，通过调用子程序 *THOMAS* 扫描 *TDMA*，并通过 *THOMAS* 在扫描 *TDMA* 后将储存在 *DI* 的结果转移给 *PHI*。

```
void THOMASJ(void)
{
          int I;
          int NM1,IM1,NMI;
          double DN;

          NM1 = JENDM1 -1;
          BI[1] = BI[1]/AI[1];
          DI[1] = DI[1]/AI[1];
          for(I=2;I<=JENDM1;I++)//10
          {
                    IM1=I-1;
                    DN=AI[I]-CI[I]*BI[IM1];
                    if(DN==0.0)printf(" ********** ZERO DETERMINANT,
DN=%10.3f",DN);
                    BI[I] = BI[I]/DN;
                    DI[I]=(DI[I]+CI[I]*DI[IM1])/DN;
          }//END 10
          for(I=1;I<=NM1;I++)//20
          {
                    NMI = JENDM1-I;
                    DI[NMI]=BI[NMI]*DI[NMI+1]+DI[NMI];
          }//END 20
}
```

6.4.5 其他子程序

- 子例程 *THOMAS*

在 *THOMAS* 中，通过 *TDMA* 求解联立方程组，这与导热程序“EXA-1”的第 5 章和“EXA-2”的子例程 *TDMA* 具有相同的功能。另外，当行列式为 0 时会报错，因此需要仔细检查 *DATABLOCK* 和 *USERIN* 的输入数据并进行适当的更正。

- 函数 *GAMWAL*

在函数 *GAMWAL* 中，根据第 5.4 节中描述的过程，算出扩散系数 Γ_{wall}。另外还可导出

$$UP = |u_p - u_s|$$

$$DP = \Delta y$$

$$\Gamma = \nu / RPLAM + \nu_t / PRTUR$$

$$Re = |u_p - u_s|(\Delta y/2)/\nu$$

$$UTAU = u_\tau$$

湍流普朗特数 *PRTUR* 设置为 0.9。此外，如第 5.4.2 节所述，当局部雷诺数 *Re* 小于 117 时，切换到层流计算。

```
double GAMWAL(double UPp,doubleDYy,doubleRENOo,doublePRLAMm,intIPHIi)// 根据近壁
函数计算 Γwall
{
        double AK,B,GAMWAL_var,U,YWALL,RE,C0,PRTUR,C,UTAU;

        AK = 0.41;
        B = 5.0;

        GAMWAL_var = 1.0/RENOo/PRLAMm;
        U=fabs(UPp);
        YWALL = 0.5*DYy;
        RE = U*YWALL*RENOo;

        if(RE>=117.0)//100
        {
                C0 = log(RE)/AK+B;
```

```
                    C = C0*(1.0-log(C0)/(1.0+AK*C0));
                    UTAU = U/C/(1.0-(AK*(C-C0)+log(C))/(1.0+AK*C));
                    PRTUR = 1.0;
                    if(IPHIi==4)PRTUR = 0.9;
                    GAMWAL_var = UTAU*UTAU/U*YWALL/PRTUR;
                    if(IPHIi==4)//100
                    {
GAMWAL_var =
GAMWAL_var/(1.0+UTAU/U*9.24*(pow((PRLAMm/PRTUR),0.75)-1.0));
                    }//100
          }//100
          return GAMWAL_var;
}
```

6.5 接口程序 Tecplot360

本书采用国内广泛使用的 Tecplot360（通用软件）进行计算结果的后处理。因此，在原有程序的基础上增加了 Tecplot360 的接口程序。

- 函数 output_steady 和 output_unsteady

本书分别针对稳态计算和瞬态计算分别编写了 Tecplot360 的接口程序。对于稳态计算，在计算运行中，程序将自动每隔 ITERT 个迭代步，将各项计算结果进行保存，并将结果文件命名为“output_tecplotXXX.txt”，其中“XXX”为迭代步数。对于瞬态计算，程序将自动每隔 stepNum 个时间步，将各项计算结果进行保存，并将其命名为“output_tecplotXXX.txt”，其中“XXX”为时间步数。

```
void output_steady(void)
{
        int i,j;
        char FILE_tecplot[25]="output_tecplot";
        char stepNum[6];
        FILE *fp_tecplot;


        sprintf(stepNum,"%d",ITERT);
        strcat(FILE_tecplot,stepNum);
        strcat(FILE_tecplot,".txt");

        fp_tecplot=fopen(FILE_tecplot,"a+");
        fprintf(fp_tecplot,"Variables=\"x\" \"y\" \"t\" \"p\" \"vx\" \"vy\" \"vw\" \n");
        fprintf(fp_tecplot,"Zone i=%3d j=%3d \n",NI,NJ);
        for(j=1;j<=NJ;j++)
```

```
        {
                for(i=1;i<=NI;i++)
                {
        fprintf(fp_tecplot,"%3d  %3d  %5.5f %5.5f %5.5f %5.5f %5.5f\n",i,j,PHI[i][j+120],P
HI[i][j+200],PHI[i][j],PHI[i][j+40],PHI[i][j+160]);
                }
        }
        fclose(fp_tecplot);
}

void output_unsteady(void)
{
        int i,j;
        char FILE_tecplot[25]="output_tecplot";
        char stepNum[6];
        FILE *fp_tecplot;


        sprintf(stepNum,"%d",ITIMST);
        strcat(FILE_tecplot,stepNum);
        strcat(FILE_tecplot,".txt");

        fp_tecplot=fopen(FILE_tecplot,"a+");
        fprintf(fp_tecplot,"Variables=\"x\" \"y\" \"t\" \"p\" \"vx\" \"vy\" \"vw\" \n");
        fprintf(fp_tecplot,"Zone i=%3d j=%3d \n",NI,NJ);
        for(j=1;j<=NJ;j++)
        {
                for(i=1;i<=NI;i++)
                {

        fprintf(fp_tecplot,"%3d  %3d  %5.5f %5.5f %5.5f %5.5f %5.5f\n",i,j,PHI[i][j+120],P
HI[i][j+200],PHI[i][j],PHI[i][j+40],PHI[i][j+160]);
                }
        }
        fclose(fp_tecplot);
}
```

- 函数 output_matrix_unsteady 和 output_matrix_steady

利用通用后处理软件，对结果文件进行导入时，常常会遇到结果数据导入失败的情况。而受到后处理软件功能所限，读者往往难以找到问题所在。因此，针对这一问题，本书分别针对稳态计算和瞬态计算增加了 output_matrix_unsteady 和 output_matrix_steady 函数。

这两个程序并非针对任何后处理程序进行结果处理，而是将结果以矩阵的形式保存为 TXT 文件形式。图 6.11 所示为图 6.9 中各个网格 *IFORS* 的赋值情况。通过 Windows 自带的记事本将 TXT 文件打开，读者便能简单直观地检查各项赋值以及计算结果是否存在异常。最经常遇到的是排查结果文件是否存在 Nan 和 Inf 等错误。

```
Variables="IFORS"
   0   0   0   0   0   0   0   0   0   0   0   0
   0   2   2   2   2   2   2   2   2   2   2   0
   0   2   1   1   1   1   1   1   1   1   2   0
   0   2   1   1   1   1   1   1   1   1   2   0
   0   2   1   1   1   1   1   1   1   1   2   0
   0   2   1   1   1   1   1   1   1   1   2   0
   0   2   1   1   1   1   1   1   1   1   2   0
   0   2   1   1   1   1   1   1   1   1   2   0
   0   2   1   1   1   1   1   1   1   1   2   0
   0   2   1   1   1   1   1   1   1   1   2   0
   0   2   2   2   2   2   2   2   2   2   2   0
   0   0   0   0   0   0   0   0   0   0   0   0
```

图 6.11　矩阵形式计算结果的保存

对于稳态计算，在计算运行中，程序将自动每隔 ITERT 个迭代步，将各项计算结果进行保存，并将结果文件命名为“output_matrixXXX.txt”，其中“XXX”为迭代步数。对于瞬态计算，程序将自动每隔 stepNum 个时间步，将各项计算结果进行保存，并将其命名为“output_matrixXXX.txt”，其中“XXX”为时间步数。

```
void output_matrix_unsteady(void)
{
        int i,j,jj;
        char FILE_tecplot[25]="output_matrix";
        char stepNum[6];
        FILE *fp_tecplot;


        sprintf(stepNum,"%d",ITIMST);
        strcat(FILE_tecplot,stepNum);
        strcat(FILE_tecplot,".txt");

        fp_tecplot=fopen(FILE_tecplot,"a+");
        fprintf(fp_tecplot,"Variables=\"t\"\n");

        for(j=1;j<=NJ;j++)
        {
                jj = NJ-j+1;
                for(i=1;i<=NI;i++)
                {
                        fprintf(fp_tecplot,"%5.5f ",PHI[i][jj+120]);
                }
```

```
                fprintf(fp_tecplot,"\n");
        }

        fprintf(fp_tecplot,"Variables=\"p\"\n");

        for(j=1;j<=NJ;j++)
        {
                jj = NJ-j+1;
                for(i=1;i<=NI;i++)
                {
                        fprintf(fp_tecplot,"%5.5f  ",PHI[i][jj+200]);
                }
                fprintf(fp_tecplot,"\n");
        }

        fprintf(fp_tecplot,"Variables=\"V_vector\"\n");

        for(j=1;j<=NJ;j++)
        {
                jj = NJ-j+1;
                for(i=1;i<=NI;i++)
                {
                        fprintf(fp_tecplot,"%3d(%5.5f,%5.5f,%5.5f)
",i,PHI[i][jj],PHI[i][jj+40],PHI[i][jj+160]);
                }
                fprintf(fp_tecplot,"\n");
        }

        fprintf(fp_tecplot,"Variables=\"IFORS\"\n");

        for(j=1;j<=NJP1;j++)//1000
        {
                jj = NJP1-j+1;
                printf("  %2d",jj);
                for(i=1;i<=NIP1;i++)
              {
                fprintf(fp_tecplot,"  %2d",IFORS[i][jj]);
              }
                fprintf(fp_tecplot,"\n");
        }
        fclose(fp_tecplot);
}

void output_matrix_steady(void)
{
        int i,j,jj;
```

```
char FILE_tecplot[25]="output_matrix";
char stepNum[6];
FILE *fp_tecplot;


sprintf(stepNum,"%d",ITERT);
strcat(FILE_tecplot,stepNum);
strcat(FILE_tecplot,".txt");

fp_tecplot=fopen(FILE_tecplot,"a+");
fprintf(fp_tecplot,"Variables=\"t\"\n");

for(j=1;j<=NJ;j++)
{
        jj = NJ-j+1;
        for(i=1;i<=NI;i++)
        {
                fprintf(fp_tecplot,"%5.5f  ",PHI[i][jj+120]);
        }
        fprintf(fp_tecplot,"\n");
}

fprintf(fp_tecplot,"Variables=\"p\"\n");

for(j=1;j<=NJ;j++)
{
        jj = NJ-j+1;
        for(i=1;i<=NI;i++)
        {
                fprintf(fp_tecplot,"%5.5f  ",PHI[i][jj+200]);
        }
        fprintf(fp_tecplot,"\n");
}

fprintf(fp_tecplot,"Variables=\"V_vector\"\n");

for(j=1;j<=NJ;j++)
{
        jj = NJ-j+1;
        for(i=1;i<=NI;i++)
        {
                fprintf(fp_tecplot,"%3d(%5.5f,%5.5f,%5.5f)
",i,PHI[i][jj],PHI[i][jj+40],PHI[i][jj+160]);
        }
        fprintf(fp_tecplot,"\n");
```

```
        }

        fprintf(fp_tecplot,"Variables=\"IFORS\"\n");

        for(j=1;j<=NJP1;j++)//1000
        {
                jj = NJP1-j+1;
                //printf("  %2d",jj);
                for(i=1;i<=NIP1;i++)
        {
                fprintf(fp_tecplot,"  %2d",IFORS[i][jj]);
        }
                fprintf(fp_tecplot,"\n");
        }
        fclose(fp_tecplot);
}
```

第 7 章

传热和流动的计算示例

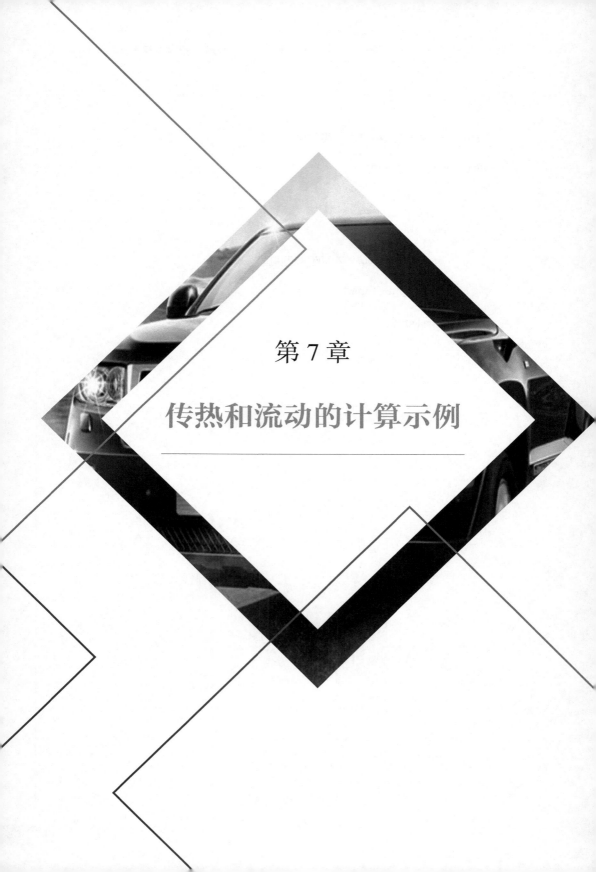

在第 6 章中，我们对传热和流动通用解析程序 SUNSET-C 进行了说明。在本章中，我们将针对热传和流动有关基本问题，尝试设置程序中的参数并执行该程序。虽然会遇到种种问题，但我们还是建议读者，首先在 *USER* 和 *SWORKINGAREA* 中输入数据并试着完成计算。

7.1 汽车电池舱换热问题

在第 6.3 节中，对于输入操作已进行了说明。这里，我们加上浮力的影响，再次考虑当时的层流空腔内的流动问题。这种正方形的简单几何形状，经常作为典型的测试问题，用于检验数值解析方法的精度。

【例题 1】如图 7.1 所示，在边长为 L 的腔体内，考虑自然对流、强制对流，或两者并存的情况，对其中的传热和流动特性进行解析。

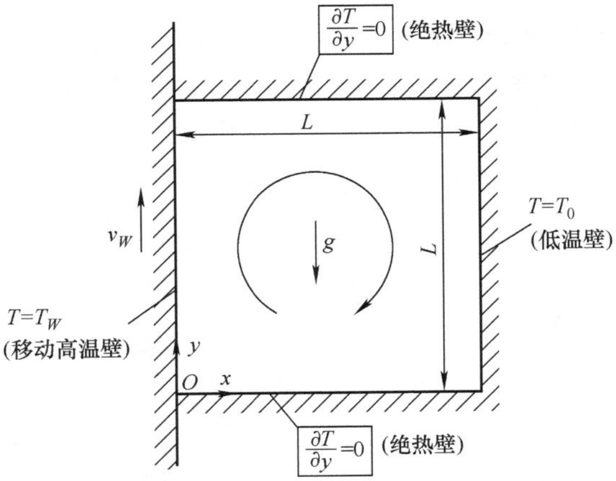

图 7.1　空腔内的复合对流

假设西壁面以恒定速度 v_w 向上运动。西壁面设置为高温定温壁面，温度为 T_w，东壁面设置为低温固定壁面，其温度为 T_0。上、下壁面设定为绝热条件。接下来，我们来讨论西壁面的移动速度和温度对整个腔体内流体速度场和温度场的影响。另外，在这一问题中，假设普朗特数为 0.71，并忽略物性随温度的变化。

特征长度设为边长 L，特征温度设为东西两壁面温度差 $(T_w - T_0)$，进行无量纲化处理，则边界条件如下：

$X^* = 0$

$$u^* = 0 \tag{7.1a}$$

$$v^* = \frac{v_w}{u_{\text{ref}}} \tag{7.1b}$$

$$T^* = 1 \tag{7.1c}$$

$X^* = 1$

$$u^* = v^* = 0 \tag{7.2a}$$

$$T^* = 0 \tag{7.2b}$$

$y^* = 0$或者$y^* = 1$

$$u^* = v^* = 0 \tag{7.3a}$$

$$\frac{\partial T^*}{\partial y^*} = 0 \tag{7.3b}$$

对这些边界条件进行设定时，只要在 *DATAIN* 内对波线所示的条件式进行设定即可，其他边界条件将自动通过 *LUMP* 进行设定。这里，特征速度u_{ref}根据情况进行选定即可。首先，当西壁面温度T_w接近东壁面温度T_0时，对流场起支配作用的将主要是强制对流，特征速度可设置为

$$u_{\text{ref}} = v_w \tag{7.4}$$

并在$x^* = 0$处，设置

$$v^* = 1 \tag{7.1b'}$$

这样，对于$Re = v_w L / \nu = 100$的纯强制对流（$Gr = 0$），用等间隔网格 $(NI \times NJ) = (11 \times 11)$ 进行稳态计算 $(NITERT = 700)$ 后得到的等温线和速度矢量，分别如图 7.2a 和图 7.2b 所示。

如需仔细考察以上计算结果的精度，可以将网格细化为（21×21），并与上述计算结果进行比较，并参考文献 [5] 中 Burggraf 的（51×51）的计算结果，在中线 $y^* = 0.5$ 上，速度分布几乎完全一致（5，10）。

通过速度矢量图可以发现，由于不存在自然对流，西侧的流体受到壁面运动的影响向上运动，到达上壁面后转向水平运动，沿东侧壁面下降后回到西侧壁面。如此，形成了一个流动涡。由于计算区域内东侧的流体受到壁面运动的影响较小，涡的中心靠近西侧壁面。等温线图显示了空腔流场内温度的分布，也可以证明热量传递的强弱。等温线较密集的东西两侧壁面附近，温度梯度较大，热量传递较为强烈。而流场中心附近，由于流场涡流的混合作用，温度分布较为均一，热量传递较小。

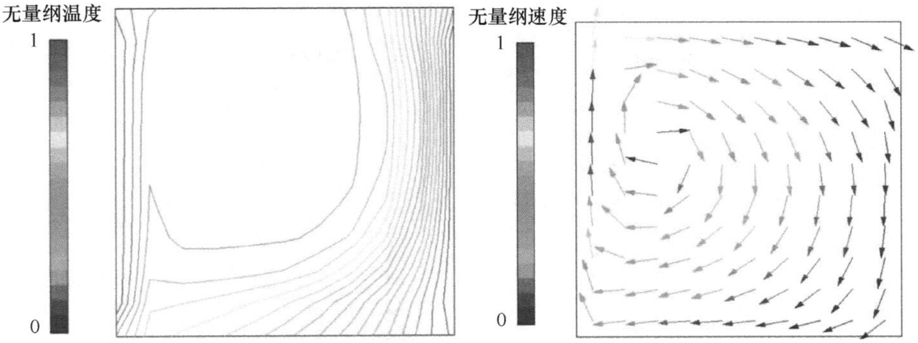

a) 等温线　　　　b) 速度矢量

图 7.2　空腔内强制对流（见彩插）

接下来，考虑西壁面温度较高，自然对流起支配作用的情况。在这种情况下，根据第 5.1 节的讨论确定特征速度

$$u_{\text{ref}}=[g\beta(T_w-T_0)L)^{1/2} \tag{7.5a}$$

雷诺数设定如下

$$Re=\frac{u_{\text{ref}}L}{v}=\left[\frac{g\beta(T_w-T_0)L^3}{v^2}\right]^{1/2}=Gr^{1/2} \tag{7.5b}$$

作为一个典型示例，当固定了西壁面($v_w=0$)时，腔体内的流动为纯自然对流。分别设置格拉晓夫数$Gr=1\times10^4$和$Gr=1\times10^6$进行计算，其结果 (11 × 11) 的速度矢量图和等温线图如图 7.3 和图 7.4 所示。可以看出，随着格拉晓夫数Gr（即西壁面的温度T_w）的增加，等温线也从热传导为主的模式，转变为热对流为主的模式等温线与南北平行的趋势越强，热传导的主导作用越强，如图 7.4 左边的等温线图。

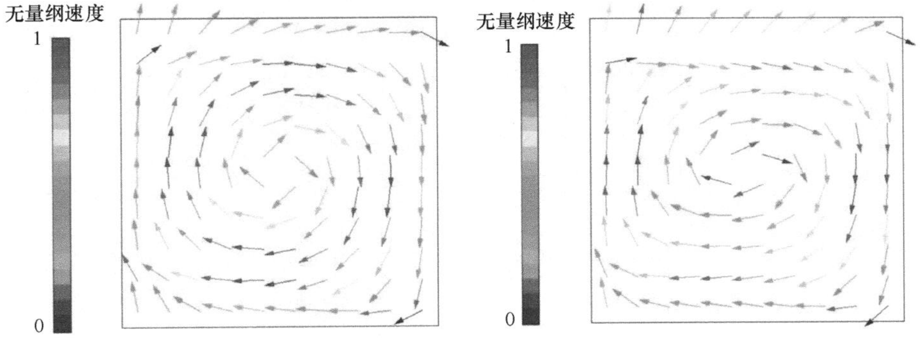

$Gr=1\times10^4$　　　　$Gr=1\times10^6$

图 7.3　速度矢量图（见彩插）

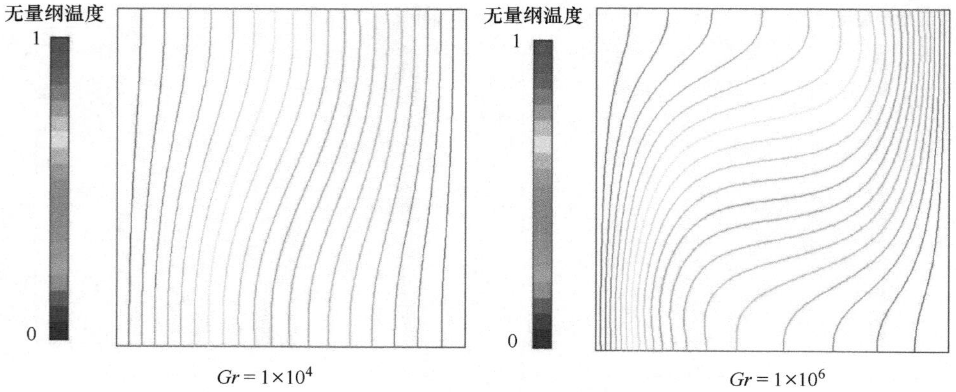

图 7.4　等温线图（见彩插）

值得注意的是，如图 7.3 所示，在上壁面附近的速度矢量指向壁面，这并不意味着壁面边界条件在此失效，而是由于采用较为稀疏的 11 × 11 的网格，近壁面附近流场计算精度较低，壁面附近的边界层作用未能很好地反映。另外也需要注意，这里的速度跨越了边界，这是因为直接和边界相衔接的网格中，其速度矢量的位置处于网格中心，代表与壁面保有一定距离的网格的速度，当速度较大时，位于网格中心的矢量跨越了较大的范围，似乎穿越了壁面。其实，这些速度并不代表壁面底层的流体速度，也并没有穿越壁面。

若采用较密的网格（21 × 21），则可得到如图 7.5 和图 7.6 所示的结果。可以发现，采用较密的网格，可以很好地提升壁面附近边界层的计算精度。但要注意，采用较密的网格，也意味着计算时间的增加。

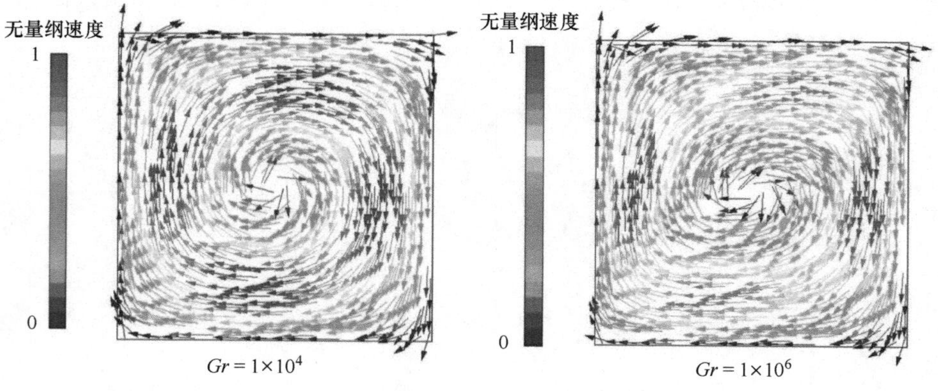

图 7.5　速度矢量图（见彩插）

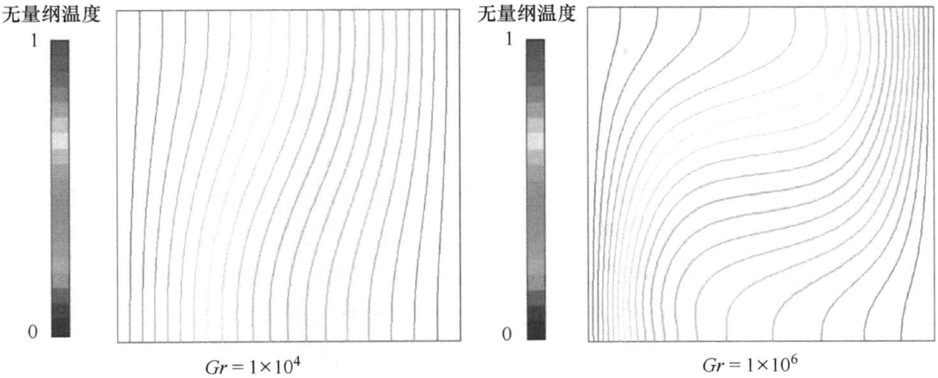

图 7.6　等温线图（见彩插）

垂直空气层对密闭容器内自然对流的绝热效果是一个被经常讨论的问题。作为评价传热特性的参数，往往使用以下公式定义努塞尔数（Nu）

$$Nu = \frac{1}{\lambda\left(T_w - T_0\right)}\int_0^L\left(-\lambda\frac{\partial T}{\partial x}\right)_{x=0}\mathrm{d}y = \int_0^L\left(-\lambda\frac{\partial T^*}{\partial x^*}\right)_{x^*=0}\mathrm{d}y^* \tag{7.6}$$

式中，Nu 为努塞尔数，λ为导热系数。

热量仅通过热传导移动时 $Nu = 1$，因此 Nu 表示对流促进传热的程度。根据数值计算结果计算出来的 Nu 以 Gr 为横轴画图（图 7.7），可以看出我们的计算结果与业界公认精度极高的 de Vahl Davis 的解非常一致，读者可以使用本书程序计算后进行对比。

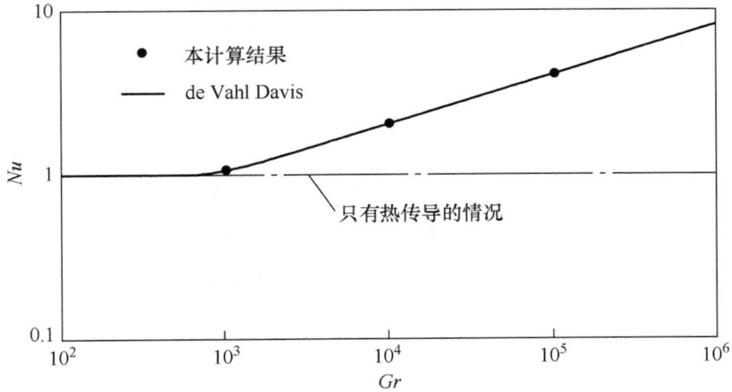

图 7.7　空腔内的自然对流 Nu 与 Gr 的数值关系

在保持西边高温壁面移动的情况下，形成了自然对流伴随强制流动的复合对流场。作为一个例子，读者可以将 Gr 设置为 1×10^4，并将西边壁面向上方（浮力方向）或下方移动，其移动速度以下式定义

$$u_{\text{ref}}=[g\beta(T_w-T_0)L)]^{1/2}$$

也就是 u_{ref} 用式（7.5a）定义，相当于对在位置 $x^*=0$ 处，壁面速度以 $v^*=1$ 或 -1 移动的空腔流动进行稳态计算。希望读者自己动手修改程序进行观察，西壁面向浮力方向移动时，沿着西壁的流动增速，涡的中心向西北移动，与此相比较，以相同速度反向移动时，靠近西壁面形成新的反转涡流。随着流动模式的这种变化，和固定壁面时的值 $Nu=2.06$ 相比较，西边壁面向上（浮力方向）移动的情况下 Nu 值增加到 3.07，而西边壁面向下移动时，Nu 值减少到 1.55 左右。

7.2 发动机排气系统热管理问题

在本节中，提取一段工业上传热流动器械最常见的圆形导管，对其中涉及层流以及湍流的强制对流传热问题进行数值解析。

【例题 2】如图 7.8 所示，圆管的长度是直径 D 的 100 倍，管壁以速度 w_w 旋转。假设温度为 T_0 的流体以速度 u_B 从图中左侧入口均匀流入。上游一半的管道壁面温度保持与流入温度 T_0 相等，下游一半的管道壁面则设定为等温条件 T_w 或等热流条件 q_w。根据直径和流入速度，假设流动为层流，其中雷诺数 Re 为 1000，普朗特数为 1，讨论管内传热和流动特性。另外，忽略物性随温度的变化。

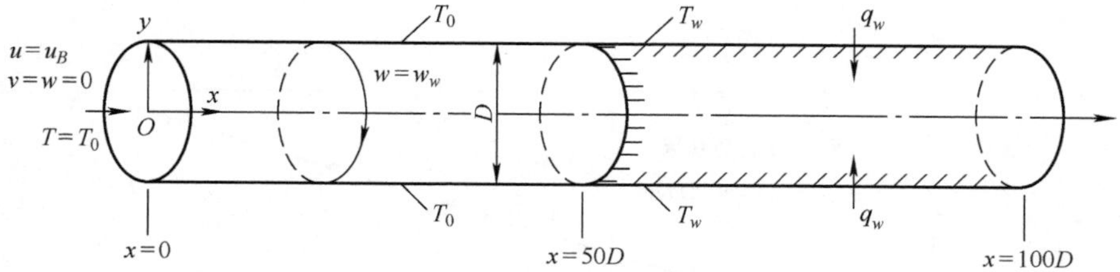

图 7.8　旋转管道中的强制对流

假设特征长度是管道直径 D，特征速度是均匀流入速度 u_B。下游一半的管道壁为等温条件时，特征温差为 (T_w-T_0)，则无量纲边界条件如下

当$x^*=0$时

$$u^*=1 \quad (7.7a)$$

$$v^*=w^*=0 \quad (7.7b)$$

$$T^{*}=0 \tag{7.7c}$$

当$x^{*}=100$时

$$\frac{\partial u^{*}}{\partial x^{*}}=v^{*}=\frac{\partial w^{*}}{\partial x^{*}}=0 \tag{7.8a}$$

$$\frac{\partial^{2} T^{*}}{\partial x^{*2}}=0 \tag{7.8b}$$

当$y^{*}=0$时

$$\frac{\partial u^{*}}{\partial y^{*}}=v^{*}=w^{*}=0 \tag{7.9a}$$

$$\frac{\partial T^{*}}{\partial y^{*}}=0 \tag{7.9b}$$

当$y^{*}=\frac{1}{2}$和$0 \leqslant x^{*}<50$时

$$u^{*}=v^{*}=0 \tag{7.10a}$$

$$w^{*}=\frac{w_{w}}{u_{B}} \tag{7.10b}$$

$$T^{*}=0 \tag{7.10c}$$

当$y^{*}=\frac{1}{2}$和$50 \leqslant x^{*}<100$时

$$u^{*}=v^{*}=0 \tag{7.11a}$$

$$w^{*}=\frac{w_{w}}{u_{B}} \tag{7.11b}$$

$$T^{*}=1 \tag{7.11c}$$

或者

$$\frac{\partial T^{*}}{\partial y^{*}}=Re \tag{7.11c'}$$

对这些边界条件进行设定时，只要在*DATAIN*内对上述[式（7.7a）、式（7.10b）、式（7.11b）、式（7.11c′）]下波线所示的条件式进行设定即可。靠近管道入口($x^* = 0$)和加热开始点($x^* = 50$)处采用密集的非等距网格 (25×11)，稳态计算（*NITERT* = 300）的结果如下所述。请注意，计算中使用的 *DATABLOCK* 的主要部分和 *DATAIN* 的内容如表 7.1 所示。

表 7.1　圆管内层流解析用参数设置

a）*DATABLOCK* 设置

```
NTIMST = 1;// 每次执行的时间进行次数 (Number of time steps)。
NITERT = 300;// 迭代次数
DTIME = 0.1;// Δt, 时间步长
RENO = 1000.0;// 雷诺数
GRNO = 0.0;// 格拉晓夫数
DIRCOS = 0.0;// 重力矢量的方向余弦
PR = 1.0;//Pr，普朗特数。
ITURB = 0;// 关闭湍流模型
IRAD = 1;// 轴对称坐标

NI = 25;//x 方向网格数
NJ = 11;//y 方向网格数
ISCAN = 5;// 监控点的 x 方向序号
JSCAN = 5;// 监控点的 y 方向序号
IREF = 2; // 基准压力地点的 x 方向的序号
JREF = 2;// 基准压力地点的 y 方向的序号
INTPRI = 100;// 输出间隔
ICNTDF = 0;// 中心差分
IREAD = 0;// 没有初始化文件读入

NLUMP = 2;//LUMP 的总数

LUMPW[1] = 1;// 第一个区域四个方向的格子编号
LUMPE[1] = 1;
LUMPS[1] = 1;
LUMPN[1] = 12;

LUMPW[2] = 1;
LUMPE[2] = 26;
LUMPS[2] = 12;
LUMPN[2] = 12;

X[1] = 0.0;// 坐标值
X[2] = 1.0;
X[3] = 2.0;
```

```
X[4] = 3.5;
X[5] = 5.0;
X[6] = 7.5;
X[7] = 11.0;
X[8] = 15.0;
X[9] = 20.0;
X[10] = 28.0;
X[11] = 36.0;
X[12] = 44.0;
X[13] = 48.0;
X[14] = 50.0;
X[15] = 51.0;
X[16] = 52.0;
X[17] = 53.5;
X[18] = 55.0;
X[19] = 57.5;
X[20] = 61.0;
X[21] = 65.0;
X[22] = 70.0;
X[23] = 78.0;
X[24] = 90.0;
X[25] = 100.0;

Y[1] = 0.0;// 坐标值
Y[2] = 0.05;
Y[3] = 0.1;
Y[4] = 0.15;
Y[5] = 0.2;
Y[6] = 0.25;
Y[7] = 0.3;
Y[8] = 0.35;
Y[9] = 0.4;
Y[10] = 0.45;
Y[11] = 0.5;

ISOLVE[1] = 1;// 指定是（1）否（0）解这个方程
ISOLVE[2] = 1;
ISOLVE[3] = 1;
ISOLVE[4] = 1;
ISOLVE[5] = 1;

IPRINT[1] = 1;// 指定是（1）否（0）输出屏幕
IPRINT[2] = 1;
IPRINT[3] = 0;
IPRINT[4] = 1;
```

```
IPRINT[5] = 1;
IPRINT[6] = 1;

ALPHA[1] = 0.5; // 迭代缓和系数。
ALPHA[2] = 0.5;
ALPHA[3] = 0.3;
ALPHA[4] = 0.5;
ALPHA[5] = 0.5;
ALPHA[6] = 0.2;

NPHI = 5;// 5，控制方程式的数量 (Number of PHIs)。
IU = 1; // u 速度分量的 IPHI 值。
IV = 2;//v 速度分量的 IPHI 值。
IPC = 3;// 压力校正值的 IPHI 值。
IT = 4;// 温度的 IPHI 值。
IW = 5;//w 速度分量的 IPHI 值。
IP = 6;// 压力的 IPHI 值。
JDIM = 40;// 二维数组的 J 方向的长度
```

b）*DATAIN* 设置

```
int I,J,WW;
// 第 1 个循环：壁面速度相关设定
for(J=1;J<=NJ;J++)
    {
        PHI[1][J+JJU] = 1.0;// 在边界 X=0 上 V=1
    }
// 第 2 个循环：壁温相关设定
for(I=15;I<=NIP1;I++)
    {
// 定温边界条件
        PHI[I][NJP1+JJT] = 1.0;
// 定热通量边界条件
//PHI[I][NJP1+JJT] = PHI[I][NJ+JJT]+0.5*DYP[NJ]*PR*RENO;
    }
WW = 0.0// 设置旋转速度
// 第 3 个循环：旋转速度相关设定
for(I=1;I<=NIP1;I++)
    {
        PHI[I][NJP1+JJW] =WW;
    }
```

将管道沿轴向等分为 10 份，图 7.9 和图 7.10 为上游半段 ($x^*=10D$，$20D$，$30D$，$40D$，$50D$) 不同断面处的轴向速度和周向分布。可以发现，上游半段为发展段，各断面速度分布不一。下游半段的流体已充分发展，轴向和周向的速度分布沿 x 轴变化很小。

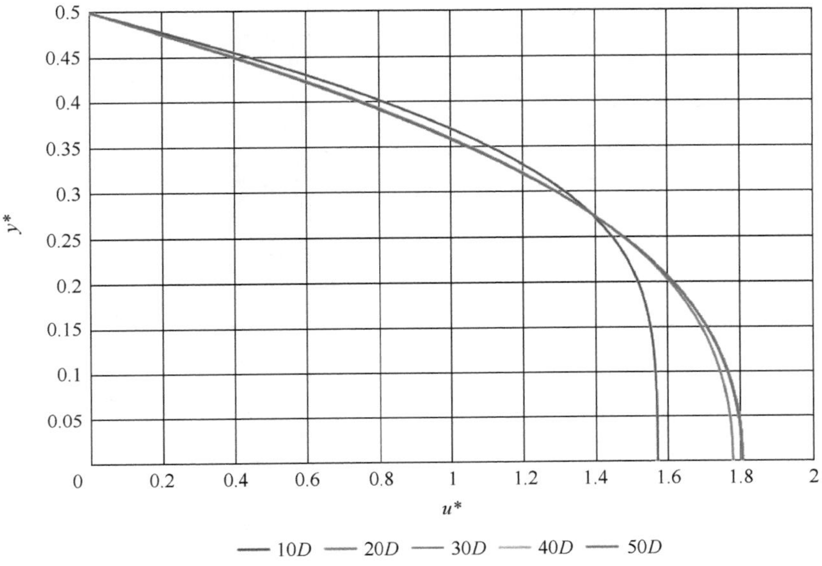

a) 轴向速度分布

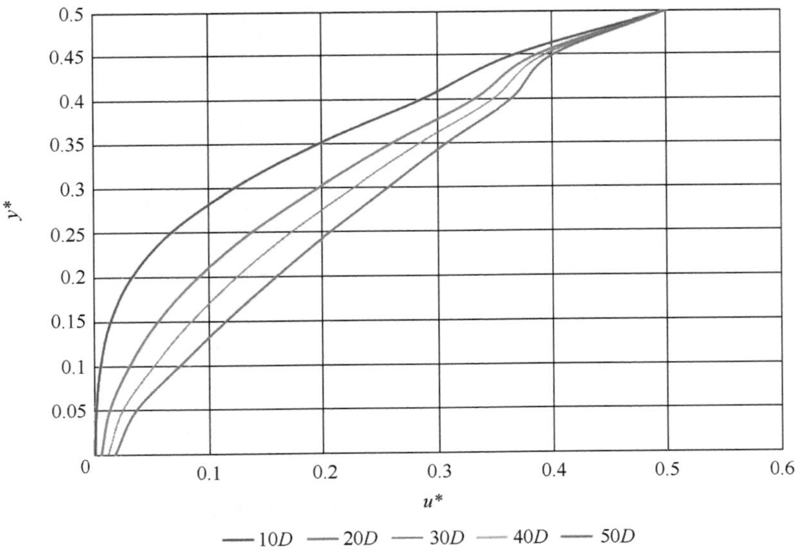

b) 周向速度分布

图 7.9　管道前半段速度分布（Re = 1000）（见彩插）

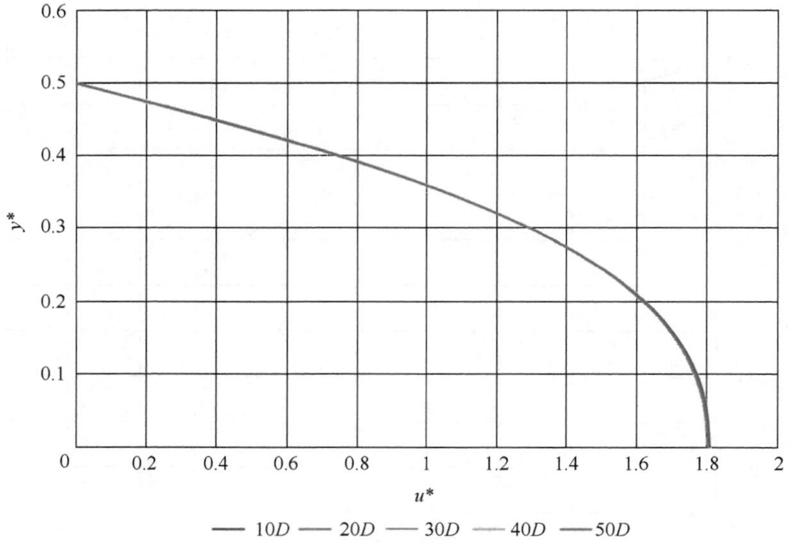

a) 轴向速度分布

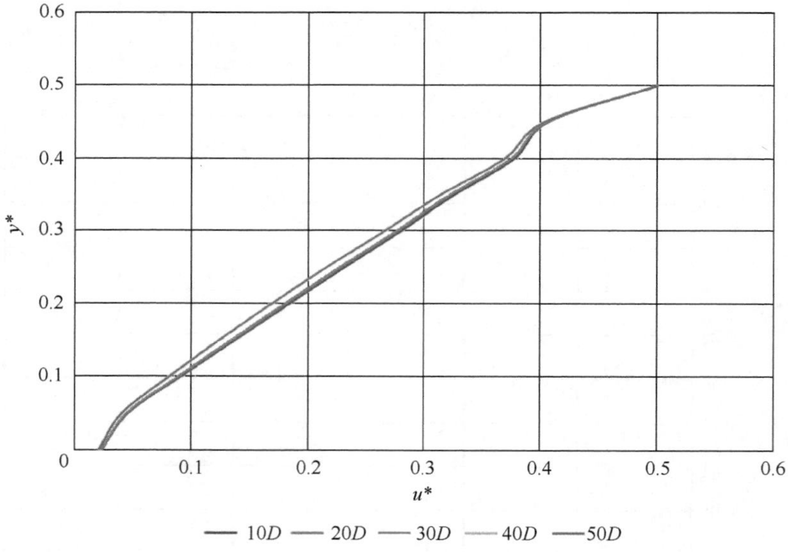

b) 周向速度分布

图 7.10　管道后半段速度分布（Re = 1000）（见彩插）

以上为雷诺数 Re 等于 1000 时的计算结果。这里，我们进一步考虑湍流，计算当雷诺数 Re 分别为 10000 和 100000 时的速度分布。图 7.11 和图 7.12 分别为雷诺数 Re 等于 10000 时上游半段和下游半段速度的分布情况。图 7.13 和图 7.14 分别为雷诺数 Re 等于 100000 时上游半段和下游半段速度的分布情况。可以发现，

流体的速度分布与 Re 为 1000 时相类似，但是由于湍流黏性的影响增大，分布更加平滑。对于轴向速度分布而言，当 Re 等于 1000 时，上游半段处$y^* < 0.2$范围内的管道中心流体速度几乎不再变化，下游处$y^* < 0.05$也是如此。而当 Re 等于 10000 时，管道中心流体速度几乎不再变化的范围稍稍变宽，而当 Re 等于 100000 时，管道中心流体速度几乎不再变化的范围则变为上游处$y^* < 0.3$和下游处$y^* < 0.1$。这是由于湍流促进了动量的传递。

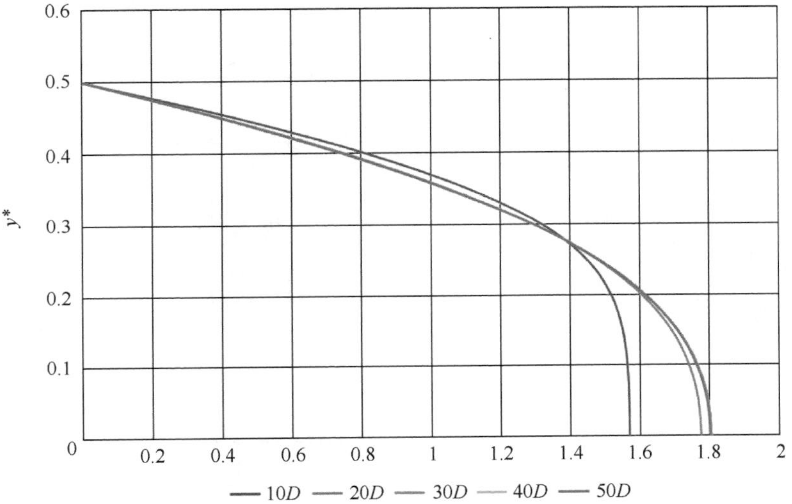

a) 轴向速度分布

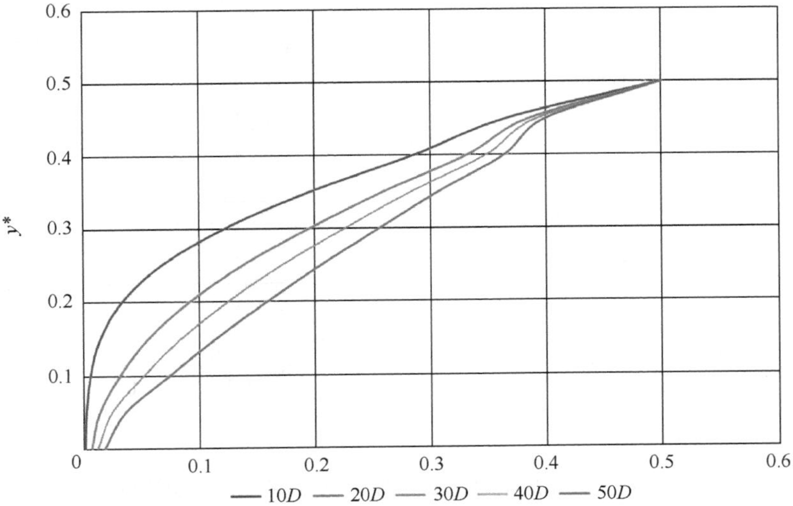

b) 周向速度分布

图 7.11　管道前半段速度分布（Re = 10000）（见彩插）

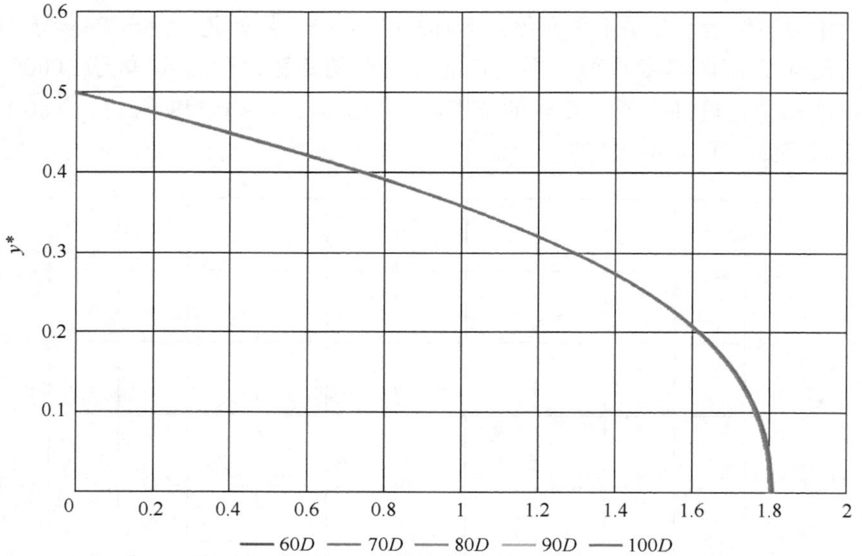

a) 轴向速度分布

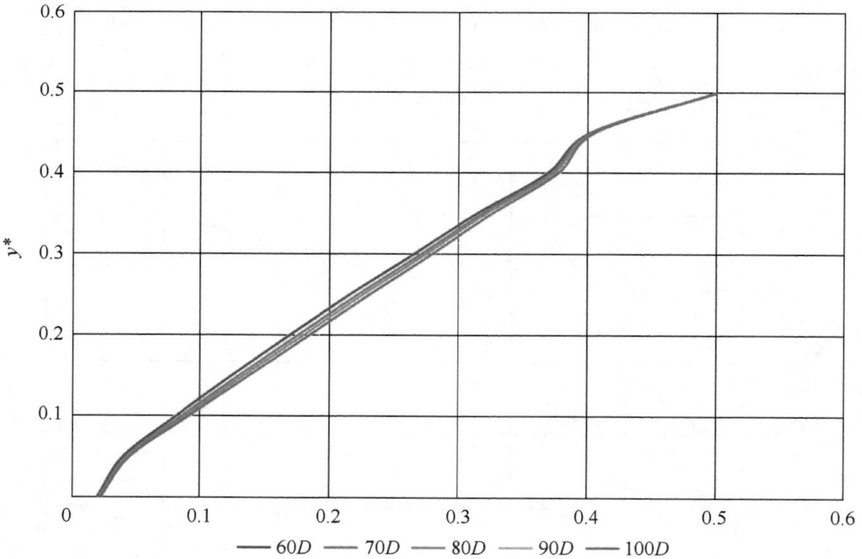

b) 周向速度分布

图 7.12　管道后半段速度分布（Re = 10000）（见彩插）

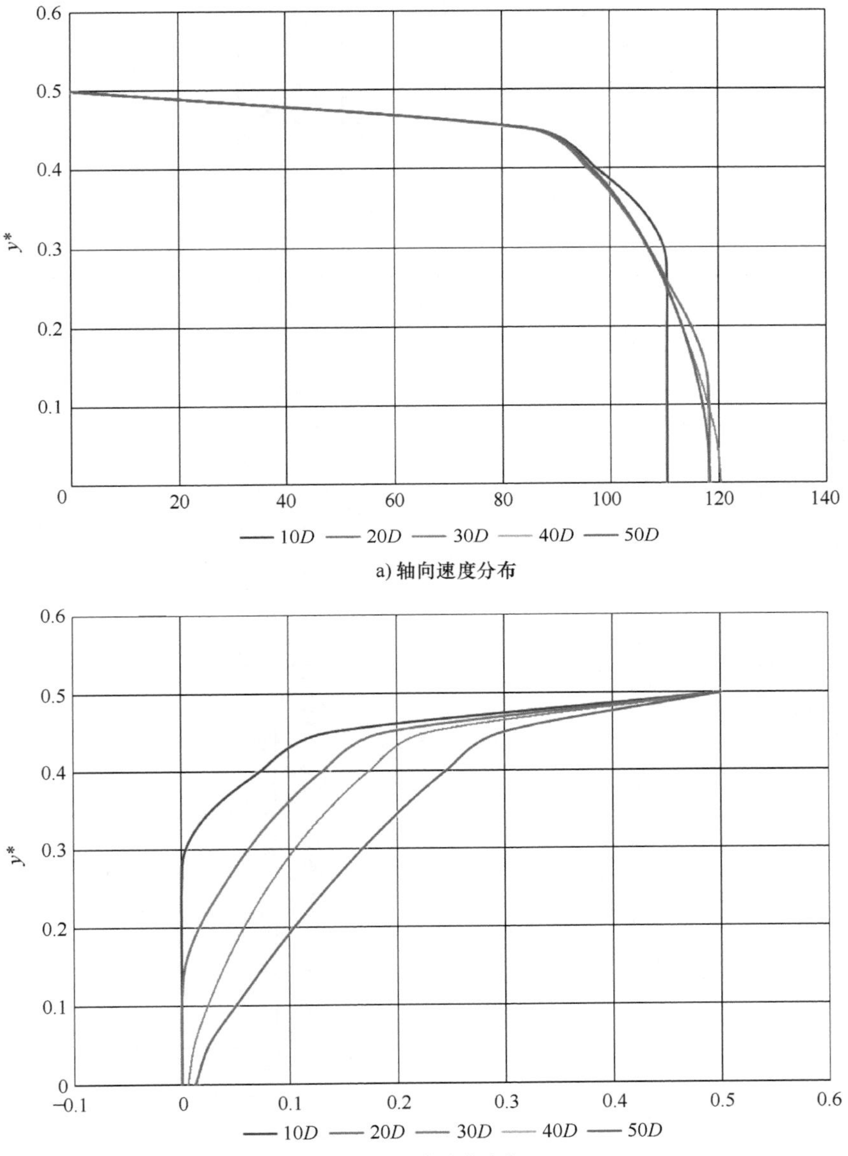

a) 轴向速度分布

b) 周向速度分布

图 7.13　管道前半段速度分布（Re = 100000）（见彩插）

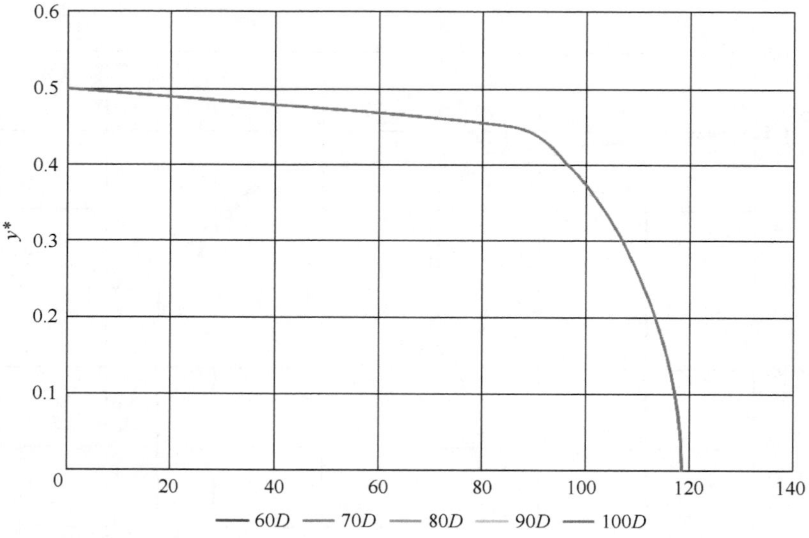

a) 轴向速度分布

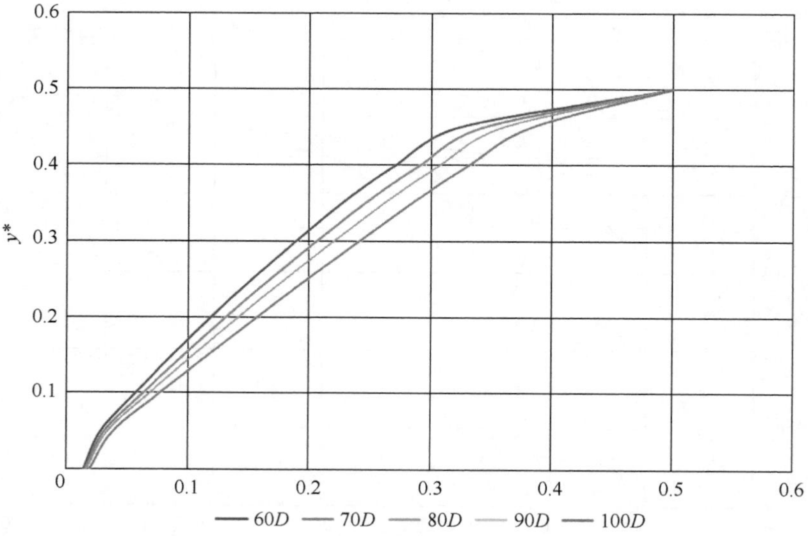

b) 周向速度分布

图 7.14　管道后半段速度分布（*Re* = 100000）（见彩插）

关于无旋转($w_w = 0$)计算的速度分布的发展过程，管路出口充分发展的速度分布，当雷诺数高到一定程度时，可以利用边界层近似。有一些与基于该近似的 Langhaar 的解析解，以及完全发达管路出口处的严密解[$u^* = 2(1-4y^{*2})$]进行比较的算例，它们的管路出口压力梯度预测值$-\mathrm{d}p^* / \mathrm{d}x^* = 0.032$，和完全发达流动的严密解一致。这里管道摩擦系数

$$\Lambda \equiv 8\tau_w / \rho u_B^2 = -2\mathrm{d}p^* / \mathrm{d}x^* = 64 / Re$$

另外，上式所示的压力梯度与壁面应力的关系，根据动量式中的平衡关系很容易推导出来。

其次，作为表示助跑区间的温度传热特性的无量纲量，考虑可利用局部 Nu 数计算

$$Nu = \frac{D}{\lambda(T_w - T_B)} \left(\lambda \frac{\partial T}{\partial y} \right)_{\text{wall}}$$

式中　$T_B = \int_0^{D/2} 2\pi y u T \mathrm{d}y \Big/ \left(\frac{1}{4} \pi D^2 \right)$；

u_B 为体积平均温度。

管道内的温度助跑区间问题作为格拉茨问题（Graetz problem）很久以来就被不断讨论，对于各种流入速度分布，Nu 数作为格拉茨数 $x^* RePr$ 的函数通过解析求得。在本例题中，由于在加热开始点的流动已经得到充分发展，因此，可以将解析解和开始加热点下游的数值计算结果进行比较。比较中，不仅显示了等温壁面状态下得到的局部 Nu 数的变化，两种情况都可以看到与解析解的良好的一致性。另外，在设定等热通量条件、使用式（7.11c）的情况下，按照表 7.1 所示的 *DATAIN* 内的注释。

对于管路壁面旋转速度$w_w \neq 0$的情况，也可以在 *DATAIN* 内指定管路壁面的速度并进行同样的计算。旋转的效果随着向下游前进而遍及整个管路截面，流体就像刚体一样旋转并输送到下游。因此，管路出口截面中的 w 速度成分呈直线分布。另外，压力分布为抛物线分布。此外，即使在旋转的条件下，最下游的 u 速度成分也会成为泊松分布。

7.3 油箱振动问题

本节将对做正弦函数振动的固体壁面附近的流动（斯托克斯的第二问题），以及我们比较熟悉的物理现象之一——卡门涡街，进行数值分析。以上两个问题均为古典非稳态流动的经典问题。

【例题 3】如图 7.15 所示，下方半无限大的流体与顶部固体壁面相接。固体壁面在水平方向上周期性地移动，求解固体壁面下方流体的速度场。其中，通过周

期t_0和最大速度$u_{\max}$定义雷诺数($Re = t_0 u_{\max}^2 / \nu$)为 1。

$$u_w = u_{\max} \cos\left(2\pi \frac{t}{t_0}\right) \tag{7.12}$$

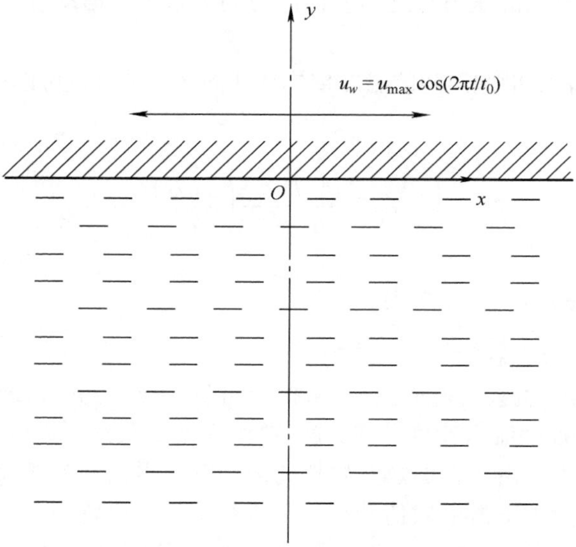

图 7.15　振动固体壁面周围的流动

这个问题被称为斯托克斯第二问题 (Stokes' second problem)，在固体壁面下方 ($y \leqslant 0$) 的半无限空间中，周期性充分发展的速度场的严密的解析解由以下方程给出

$$u = u_{\max} \exp\left(y\left(\frac{\pi}{t_0 \nu}\right)^{1/2}\right) \cos\left(2\pi \frac{t}{t_0} + y\left(\frac{\pi}{t_0 \nu}\right)^{1/2}\right) \tag{7.13a}$$

以及

$$v = 0 \tag{7.13b}$$

因此，周期性地充分发展流动成为一维的周期性变动问题。接下来，通过比较该一维解析解式（7.13a）的结果，和作为二维非稳态问题数值计算得到的 u 速度分量的周期性变动解，来研究本数值解法的有效性。

一般情况下，数值分析较难处理无限大的空间问题。同样，本次数值计算也不能设定无限空间，所以在固体壁面的影响变得足够小的下方边界处设定近似的

边界条件。这里，特征速度为u_{max}，特征长度为$t_0 u_{max}$，并假设移动壁面下方具有较为细长的计算区域。其范围为$(|x^*|\leqslant 1$或$-10\leqslant y^*\leqslant 0)$。一开始流体处于静止状态，$t^*>0$ 时在各边界处设置以下边界条件。

在$|x^*|=1$处，

$$\frac{\partial u^*}{\partial x^*}=v^*=0 \tag{7.14}$$

在$y^*=0$处，

$$u^*=\cos(2\pi t^*) \tag{7.15a}$$

$$v^*=0 \tag{7.15b}$$

在$y^*=-10$处，

$$\frac{\partial u^*}{\partial y^*}=v^*=0 \tag{7.16}$$

因此，在 *DATABLOCK* 内输入 *LUMP* 值，设置北部边界 ($y^*=0$) 速度为已知。同时，对于用波线表示的边界条件式（7.15a），在 *DATAIN* 内按照以下说明进行设定。

```
int I,UW;
UW = cos(6.2832*TIME); // 在边界上 U 速度值计算
for(I=1;I<=NIP1;I++)
  {
    PHI[I][NJ+JJU] = UW;// 在边界上 U 速度设置
  }
```

其他边界条件全部自动设定。

划分非均匀网格 (10×20)：靠近壁面处使用较密网格；下方区域使用较粗网格。设 $NTIMST=96$，$NITERT=70$，$DTIME=0.04167(=1/24)$，以 π/12 为时间间隔进行持续 4 个周期的非稳态计算，可以发现第 3 个周期流场几乎周期性地充分发展了。图 7.16 显示了通过数值计算得到的第 4 个周期的 u 速度分量随时间变化的结果，以及解析解的结果。通过比较可以确认，本数值分析方法在计算非稳态问题方面的结果是恰当的。另外，数字计算解与解析解存在偏差，这是由于将下方无限远处的流体静止边界条件，设置为下方有限远处的边界条件所造成的。

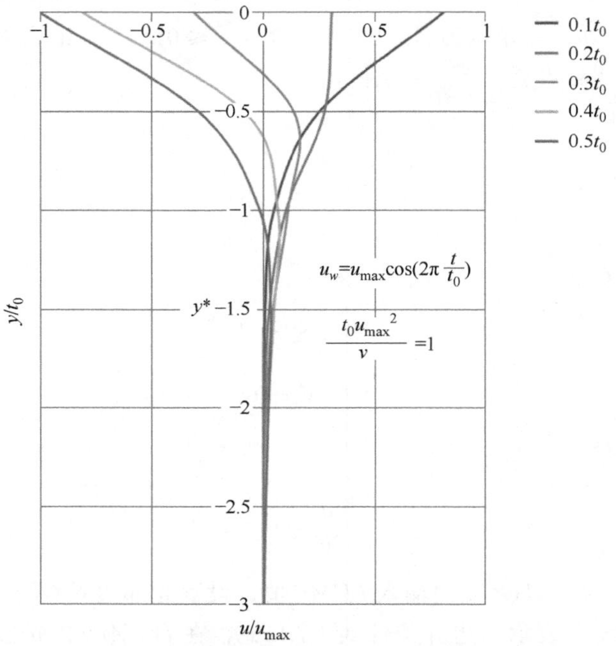

图 7.16　振动的固体壁面附近的流动（斯托克斯的第二问题）（见彩插）

7.4 汽车外体绕流问题

【例题 4】考虑在温度为 T_0 普朗特数为 1 的流体中设置一个垂直纸面方向无限长的发热长方体，长方体与纸面的截面为正方形，其边长为 L。讨论长方体周围的速度场以及温度场分布。计算过程中，假设为层流，对流项的差分方法采用 *hybird* 差分或中心差分，分析差分方法所造成的计算结果的差异。这里，假设长方体保持恒定的高温 T_w，浮力和物性参数不随温度变化。另外，通过正方形截面边长 L 和均匀的对流速度 u_B 定义雷诺数，取值 100，也就是在实验中能观察到卡门涡街的条件范围内。

由于数值计算无法设定无限空间，设置上下壁面间隔为边长的 14 倍，并假设这一距离足够宽。流体从距离方柱 L 处 ($x = 0$) 的上游以均一的速度地流入，并在距离方柱 $20L$ 的下游处流出。特征长度取 L，特征速度取 u_B，特征温度差取 ($T_w - T_0$)，无量纲化的边界条件为

当$x^* = -1$时，

$$u^* = 1 \tag{7.17a}$$

$$v^* = 0 \tag{7.17b}$$

$$T^* = 0 \tag{7.17c}$$

当$x^* = 20$时，

$$\frac{\partial u^*}{\partial x^*} = v^* = 0 \tag{7.18a}$$

$$\frac{\partial^2 T^*}{\partial x^{*2}} = 0 \tag{7.18b}$$

当$|y^*| = 7$时，

$$u^* = v^* = 0 \tag{7.19a}$$

$$T^* = 0 \tag{7.19b}$$

当$0 \leqslant x^* \leqslant 1$，$|y^*| \leqslant 0.5$时，

$$u^* = v^* = 0 \tag{7.20a}$$

$$T^* = 1 \tag{7.20b}$$

需要注意，流路出口处的边界条件，是假设式（7.18a 和 7.18b）在流路足够长的情况下，就是说只是近似成立。在将以上的边界条件输入到程序中时，将流路入口、上下壁和方柱的 4 个壁面作为速度已知区域，通过 *DATABLOCK* 内的 *LUMP* 值进行设定。之后只要在 *DATAIN* 内设定由波浪线表示的边界条件，即式（7.17a）和式（7.20b）即可。

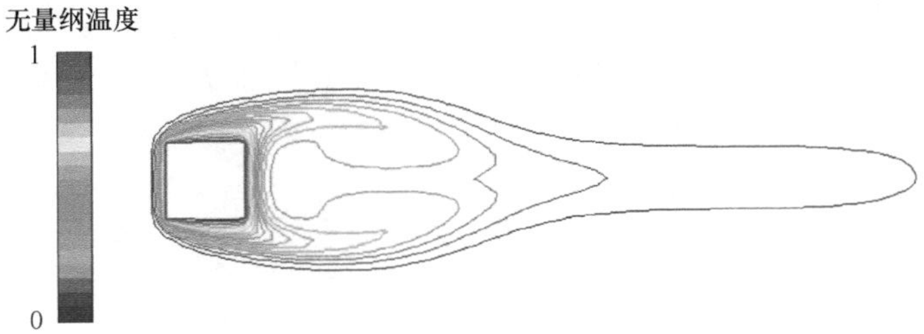

a) 温度等高线

图 7.17 方柱扰流对称涡（见彩插）

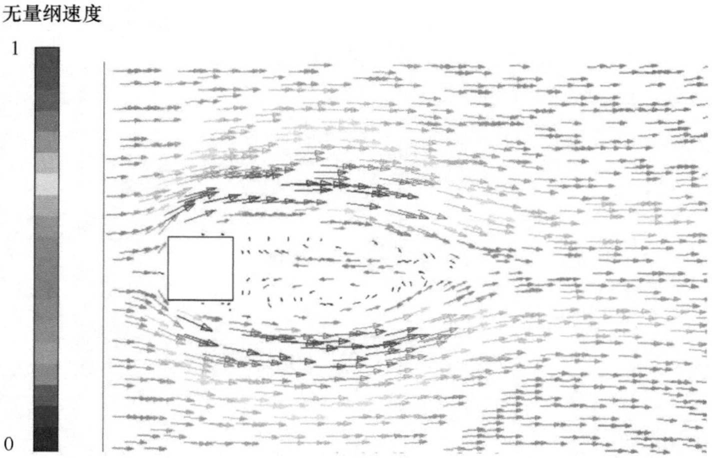

b) 速度矢量

图 7.17　方柱扰流对称涡（见彩插）（续）

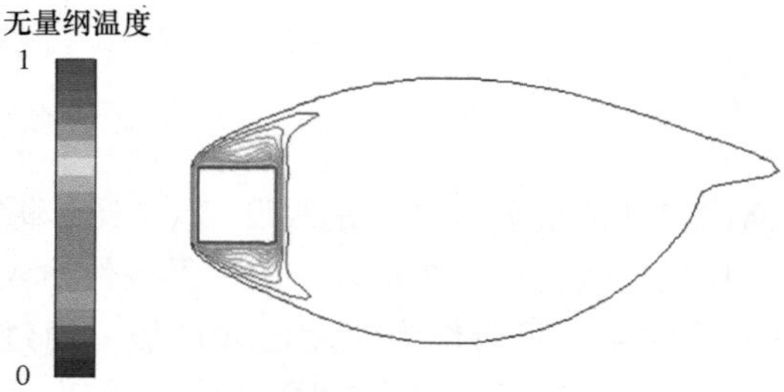

a) 温度等高线

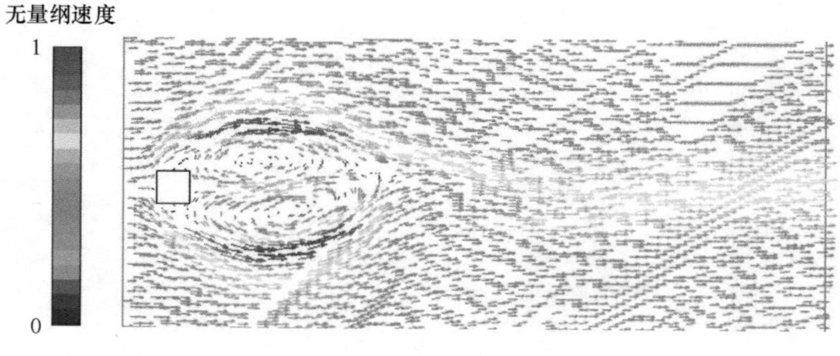

b) 速度矢量

图 7.18　方柱扰流涡街时刻（见彩插）

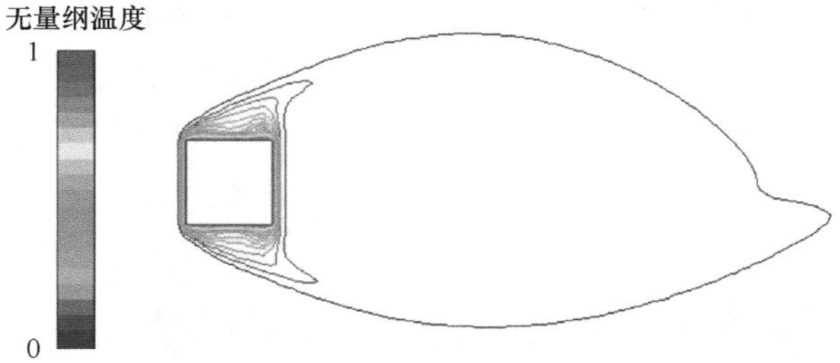

a) 温度等高线

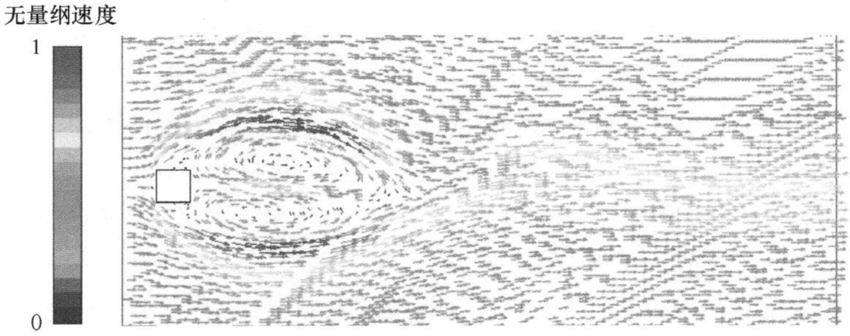

b) 速度矢量

图 7.19　无限长正方形棱柱扰流涡街时刻（见彩插）

如在 5.3.2 节中所述，在计算非稳态问题时，特别是在处理数值黏性问题的时候，需要对网格进行细化。但是另一方面，计算时间或存储容量（在 SUNSET-C 中 *NI*、*NJ* 均小于 39）也存在诸多限制。因此仅限在本例题中，忽视时间和空间分辨率的影响，试着使用相对粗糙的网格和较大的时间步长来进行计算。例如，我们将在正方形周围的网格设置为以 $\Delta x^* = \Delta y^* = 0.1$ 的间隔密集的非均匀网格（36×31），经验认为已经可以捕捉到卡门涡街那样的现象了。实际上，使用这种非均匀网格进行 *hybird* 差分（*ICNTDF* = 0），进而进行非稳态计算，却始终没有出现卡门涡街，取而代之的是获得了由一对对称的再循环漩涡构成的稳定解。图 7.17a 和图 7.17b 是上述正方形周围的速度场和温度场，设置 *NTIMST* = 1 通过稳定法重复计算 500 次（*NITERT* = 500）也能得到同样的结果。进一步将该稳定解作为初始值，切换为中心差分法（*ICNTDF* = 1）继续实施非稳定计算，对称的“双胞胎”漩涡逐渐崩溃，出现卡门涡街。但是请注意，在 *ICNTDF* = 1 状态下使用粗网格，提高雷诺数的话，会导致发散。图 7.18 和图 7.19 显示了，在切换为中心差分后，且设置 $DTIME = 0.5$，$NITERT = 30$，将计算推进到无量纲时间 75 和 78.5 时的速度矢量分布和等温线分布。图中显示，以无量纲时间大约 3.5 为周期，速度场和温度场以 $y = 0$ 轴为界限不断交替反转。以上计算结果，与无量纲周期为 7 个左右，即斯特劳哈尔数(fL/u_B)为 0.14 左右的实验观测值相接近。因此，当雷诺数不太高时，通过切换到中心差分，本程序可以使用相对粗糙的网格对周期性的变动进行数值模拟。

7.5 无限大计算域的边界设置

【例题 5】上一个例题中，实际物理现象中的正方形棱柱位于无限大的空间里，但是计算只能使用有限大的空间，为了减少边界对计算结果产生的影响，尽量增加了边界与方柱之间的距离，特别是对于两侧和下游的边界。下面，我们进一步以“台阶流动”为例，分析不合适的出口边界位置会带来怎样的影响。如图 7.20 所示，流体从西侧流入由上下两壁面组成的通道，并从东侧流出。在下侧壁面处，有一长为 $2L$ 高为 L 的长方形突起的台阶。西侧入口和东侧出口的尺寸均为 $2L$。如果东侧出口距离长方形台阶距离各为 L，$2L$ 和 $3L$ 时，对比长方形台阶后边界层分离产生的稳态绕流的差异，从而加深理解无限大计算区域的各种边界以及物性设置对计算结果产生的影响。

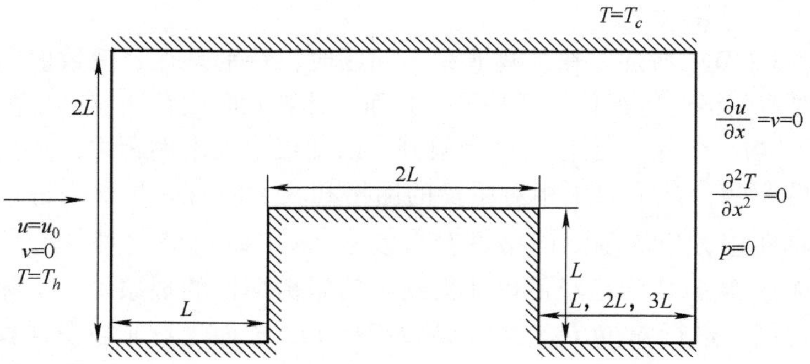

图 7.20 台阶流动

坐标原点在进口下方 $x = 0$，$y = 0$，特征长度取 L，特征速度取u_0，特征温度差取$(T_h - T_c)$，下游长度 L 时（$2L$，$3L$，$4L$ 如此类推），无量纲化的边界条件为

当$x^* = 0$时，（进口）

$$u^* = 1 \quad (7.21a)$$

$$v^* = 0 \quad (7.21b)$$

$$T^* = 1 \quad (7.21c)$$

当$x^* = 4$时，（出口）

$$\frac{\partial u^*}{\partial x^*} = v^* = 0 \quad (7.22a)$$

$$\frac{\partial^2 T^*}{\partial x^{*2}} = 0 \quad (7.22b)$$

当$y^* = 2$时，（北面边界）

$$u^* = v^* = 0 \quad (7.23a)$$

$$T^* = 0 \quad (7.23b)$$

当$0 \leqslant x^* \leqslant 1$，$3 \leqslant x^* \leqslant 4$，$y^* = 0$，

$$x^* = 1，\ 0 \leqslant y^* \leqslant 1$$

$$x^* = 3，\ 0 \leqslant y^* \leqslant 1$$

$1 \leqslant x^* \leqslant 3$，$y^* = 1$时，（南面边界，包括台阶壁面）

$$u^* = v^* = 0 \quad (7.24a)$$

$$T^* = 1 \quad (7.24b)$$

图 7.21 显示了东侧出口距离长方形台阶距离为 L 时的速度分布。可以发现，流体从西侧进入通道后，受到长方形台阶的阻挡，流体向上绕过台阶，与台阶上方的流体一同形成了一个高速流动区域。之后，通道突然扩大，在台阶后方形成了一个负压区域，但由于东侧出口太靠近长方形台阶，出口附近的流体受出口边界条件的影响，台阶后方的涡流无法得到充分的发展。

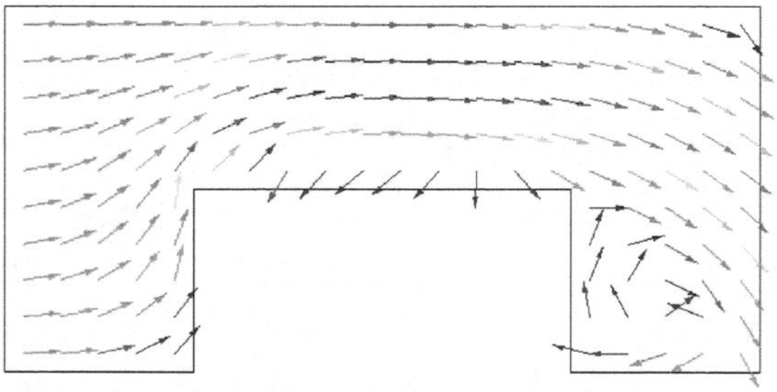

图 7.21　东侧出口距离长方形台阶距离为 L 时的速度分布（见彩插）

如图 7.22 所示，东侧出口距离长方形台阶距离为 $2L$ 时，长方形台阶后侧负压区域处所形成的涡流较为完整清晰。再次增加东侧出口与长方形台阶的距离为 $3L$ 时，如图 7.23 所示，台阶后方的涡流区域更加扁平。这与试验所观察到的现象相类似。结论是，在实际的研究开发中，如果对后流需要有较高的计算精度，则必须考虑出口与进口与计算域中的障碍物保持相当的距离，以避免出口对计算结果的影响。当然，增加出口与进口的距离，又会增加计算负荷，需要在计算精度与计算负荷之间选择一个较为合适的平衡。

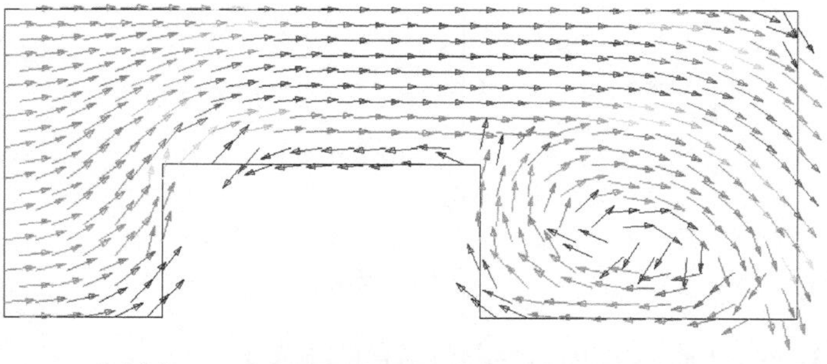

图 7.22　东侧出口距离长方形台阶距离为 $2L$ 时的速度分布（见彩插）

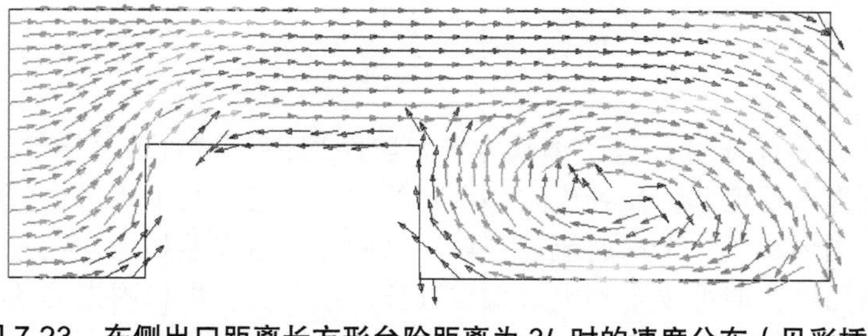

图 7.23　东侧出口距离长方形台阶距离为 $3L$ 时的速度分布（见彩插）

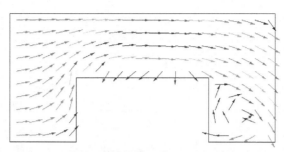

改变边界条件为流入、流出，考虑一定条件下的回流，也可以缓解这种影响，但问题往往不能彻底解决。

问题中还考虑了传热，温度为 T_h 的高温流体从西侧流入，上下壁面均为低温 T_c 等温壁面，图 7.24、图 7.25 和图 7.26 分别显示了东侧出口距离长方形台阶距离为 L、$2L$ 和 $3L$ 时的速度分布和温度分布。可以发现，边界位置对于台阶后方的涡流的计算有较大影响。然而，温度分布却并未受到边界位置的影响。这是由于本问题中，雷诺数 Re 较大，流体物性参数中的导热系数较小而比热容较大，热量的热传导传递速度远小于流体的流动引起的热量传递速度。而且，传热主要发生在温度梯度较大的壁面附近，而东边出口的边界条件温度梯度的梯度等于 0，对来流温度影响较小。结果是，忽略边界上固定温度的影响，图面上的计算域中的流体温度几乎完全一样，只有输出温度的数值进行比较，才会发现出口温度略微有一点点下降。

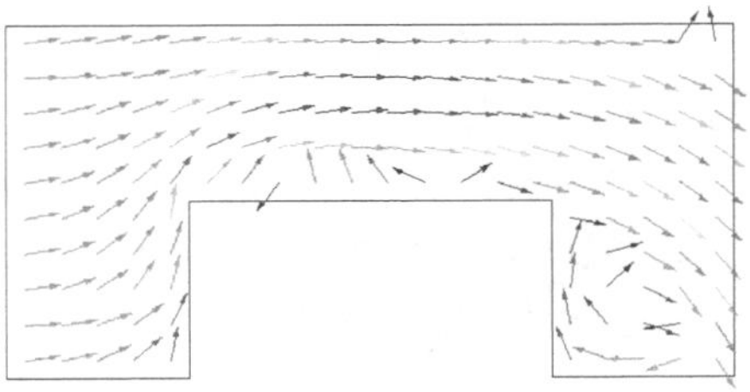

a) 速度分布

b) 温度分布

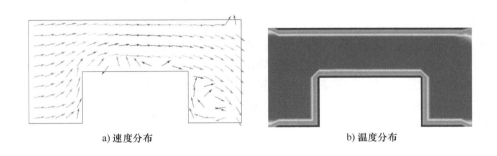

图 7.24　东侧出口距离长方形台阶距离 L（见彩插）

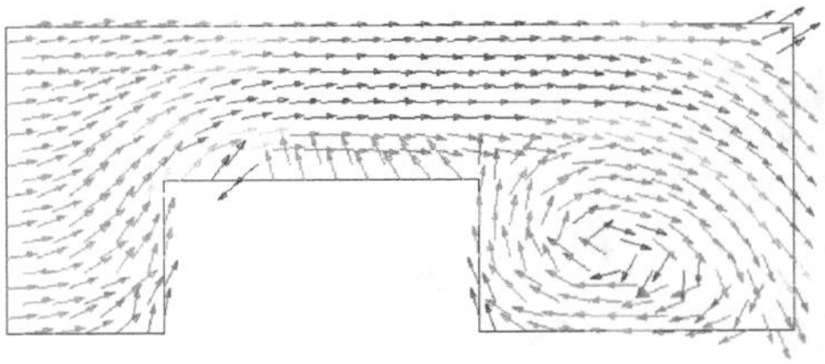

a) 速度分布

b) 温度分布

图 7.25　东侧出口距离长方形台阶距离 $2L$（见彩插）

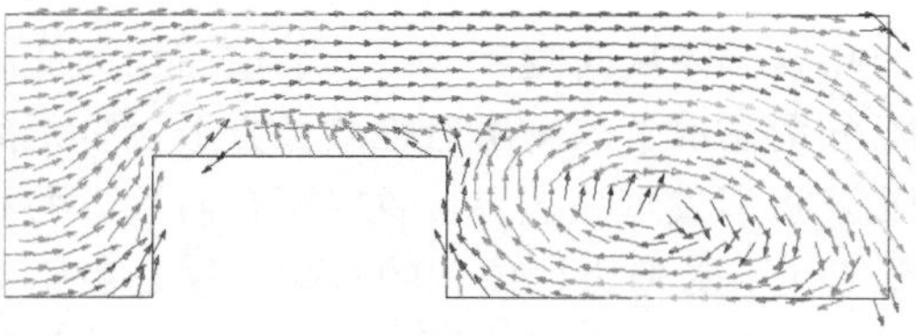

a) 速度分布

b) 温度分布

图 7.26　东侧出口距离长方形台阶距离 3*L*（见彩插）

本例题中，具有计算域中流体对外的放热几乎是 0 的特性，容易导致温度分布不受边界条件影响的误会。

为了进一步分析出口位置的影响，以下特别修改了计算条件中的 *Re* 数（质量传递速度的大小），比热容（单位质量携带热量的多少），导热系数（传热速度的大小），详细分析了出口边界位置，对于下游传热和传质的综合影响。图 7.27 ~ 图 7.30 分别是各计算条件下 3 种出口位置的温度云图以及等温线。

流速越大，出口对于下游的流动的速度分布影响越大，出口距离必须距离台阶越远。在对流传热较大的条件下，同时引起的温度的分布的差距也越大。图 7.27 中三者的差距比图 7.28 中三者的差距大。较大的比热容会增加对流引起的这种差距。

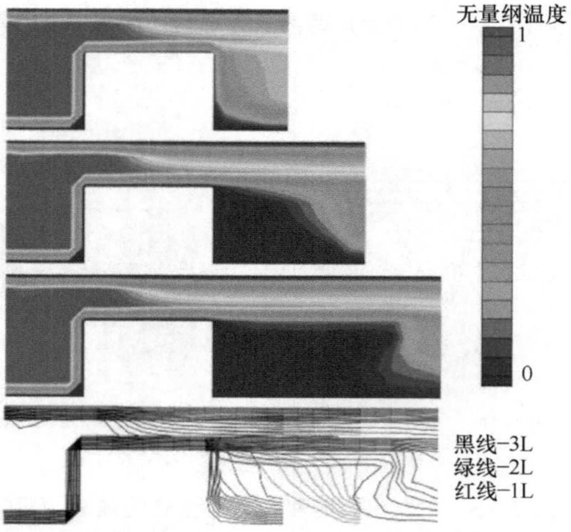

图 7.27　高 *Re* 数（质量传递速度的大小）温度分布（见彩插）

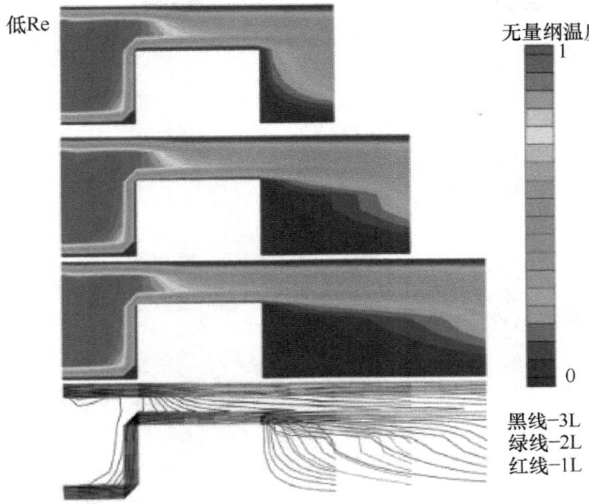

图 7.28　低 *Re* 数（质量传递速度的大小）温度分布（见彩插）

热传递越大（导热系数大），流体温度有趋向一致的倾向，出口对于下游的温度的分布影响越小。较大的比热容还会缓解这种影响，如图 7.29 所示。热传递越小（导热系数小），流体温度难以趋向一致，出口对于下游的温度的分布影响越大。较大的比热容也会强化这种影响。如图 7.30 所示。

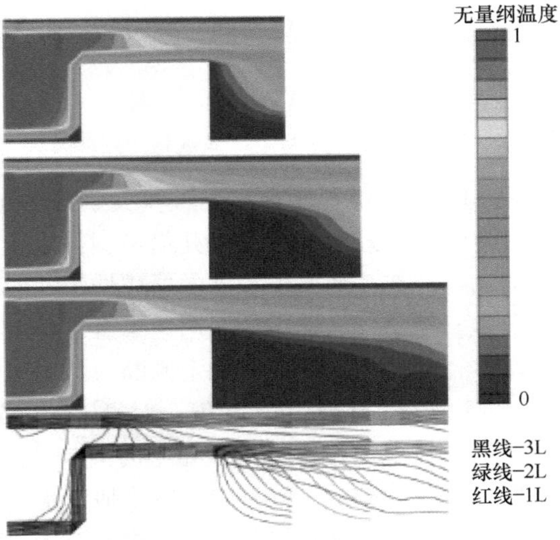

图 7.29　高导热系数、低比热容温度分布（见彩插）

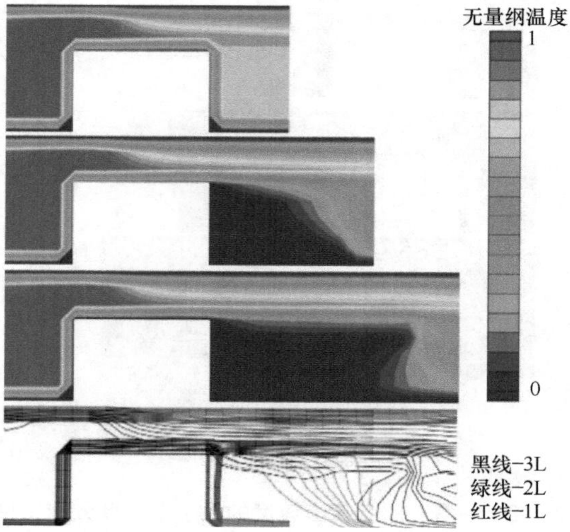

图 7.30 低导热系数、高比热容温度分布（见彩插）

最根本的因素还是出口速度边界条件的影响，速度分布的变化引起了对流传热的变化，*Re* 和比热容的增加都会强化这种影响。

总之，出口必须和内部障碍物保持一定距离，这些在实际问题的计算中，必须给予充分的注意。

7.6 结论

本章中，我们使用 SUNSET-C 程序计算了一些关于传热和流动的基本例题。通过本章的学习，读者应该充分理解如何输入几何模型，以及如何设定初始条件和边界条件。本程序的制作，充分考虑了程序的通用性，并同时在某种程度上减小了用户输入数据的负担。但是，从程序的通用性来看，由于没有适用于所有场合的合理的收敛判定基准，因此程序内没有规定判断收敛的统一基准。用户需要通过速度，压力和质量守恒方程中残差的监控值，对每一种情况进行合理的判定。特别对于非稳态计算，事先需要通过试算检查每个时间步内迭代次数（*NITERT*）是否足够。读者在积累了一些经验后，就可以很容易地设定时间步长和与其相对应的迭代次数。另外，在耦合化学物质的组分方程式或湍流模型中的输送方程式等标量方程式进行求解时，希望在周向速度分量 w 和压力 p 的区域之间设置新的从属变量的区域。程序 SUNSET-C 延续了本书的思路，对一般形式的守恒方程式进行编程，因此不需要重新编写解方程的程序。希望读者尽可能使用 SUNSET-C 多计算一些传热和流动问题，以确认本程序的特征。此外，也希望用户能根据实际需要积极尝试修改和扩展本程序。

附录

软件使用环境和使用方法说明

本书收录了用 C 语言编写的传热流动解析程序（EXA-1 及 EXA-2），热流体解析用通用程序（SUNSET-C，附注的 C 以区别用 FORTRAN 语言编写的 SUNSET 程序）可扫描二维码下载后使用，还提供了所有例题的源程序。所有程序均确认可在各种 C 语言环境的计算机上顺利编译执行，但是，请充分注意本程序可能发生的局限性。目前，可以确保在 Windows8 以上，安装有 C 语言（Microsoft 公司出版）的计算机上。

具体使用的顺序是：

① 启动 Microsoft Visual Studio（本书采用 2017 版本）。

② 文件→新建→项目。

③ 新建项目对话框中，选择 Visual C# → Windows 桌面→空项目。

④ 在解决方案资源管理器中，右键点击源文件→添加→导入本书提供的 cpp 文件。

⑤ 生成→生成解决方案。

⑥ 调试→开始调试（开始计算）。

附录 A EXA-1 程序

```
//PROGRAM EXA1
//***************************************************************
//*                                                             *
//*    ONE DIMENSIONAL STEADY HEAT CONDUCTION PROBLEM           *
//*                                                             *
//***************************************************************
//
#include<stdio.h>
int main()
{
//================SYMBOL LIST==========================
```

```
//TEMPERATURE
        const int II = 21;//number of nodes
        double T[II];       //TEMPERATURE (K)
        double TO[II];      //TEMPERATURE AT PREVIOUS TIME STEP (K)
        double TH;          //TEMPERATURE OF HEATED SIDE (K)
        double TL;          //ATMOSPHERIC TEMPERATURE (K)
//GEOMERTY
        double DG[II];      //DISTANCE BETWEEN GRIDS (M)
        double DX[II];      //WIDTH OF A CONTROL VOLUME (M)
        double X[II];       //DISTANCE FROM THE HEATED SURFACE TO A GRID (M)
        int NI;             //MAXIMUM NUMBER OF GRIDS OR CONTROL VOLUMES
        int NIM1;           //NI-1
//PROPERTIES
        double ALMD;        //THERMAL CONDUCTIVITY (W/(M*K))
        double CP;          //SPECIFIC HEAT (J/(KG*K))
        double RHO;         //DENSITY (KG/M**3)
//TIME
        double DELT;        //TIME STEP (S)
        double TIME;        //TIME (S)
        double TIMEND; //TIME LIMIT OF CALCULATION (S)
//TDMA
        double AP[II];      //COEFFICIENT FOR POLE GRID VALUE
        double AE[II];      //COEFFICIENT FOR EAST GRID VALUE
        double AW[II];      //COEFFICIENT FOR WEST GRID VALUE
        double AO[II];      //COEFFICIENT FOR POLE GRID VALUE AT PREVIOUS TIME STEP
        double B[II];       //UNSTEADY TERM
        double P[II],Q[II];//COEFFICIENTS OF TDMA SUBSTITUTION
//PRINT
        int IE;             //I-INDEX FOR PRINT END LOCATION
        int IVAL;           //NUMBER OF DATA PRINTED IN A LINE
```

```
        int ISTART;         //START I-INDEX IN A LINE
        int IEND;           //END I-INDEX IN A LINE
//================================================================
        int i,j;            //index
//------------------------------------------------------------
//CHAPTER 0 PRELIMINARIES
//*********    CONTROL VOLUME & GEOMETRY
        NI = 11;
        for (i=1; i<=10; i++)
        {
                DG[i] = 0.020;
        }
        for (i=2; i<=10; i++)
        {
                DX[i] = 0.020;
        }
        DX[1] = 0.0100;
        DX[11] = 0.0100;
//*********    PROPERTIES
        ALMD = 237.0;
        RHO = 2688.0;
        CP = 905.0;
//*********    PARAMETERS
        TH = 500.0;
        TL = 300.0;
        DELT = 1.00;
        TIMEND = 20.0;
//------------------------------------------------------------
//CHAPTER 1 INITIALIZATION
        NIM1 = NI - 1;
```

```
        X[1] = 0.0;
        for(i=2; i<=NI; i++)
        {
                X[i] = X[i-1]+DG[i-1];
        }
        for(i=1; i<=NI; i++)
        {
                TO[i] = TL;
        }
        TIME = 0.0;
//CHAPTER 2 ITERATION LOOP FOR A TIME STEP
        while(TIME<TIMEND)
        {
                TIME = TIME + DELT;
//CHAPTER 3 ASSEMBLE COEFFICIENTS
            for(i=2; i<=NIM1; i++)
            {
                    AW[i] = ALMD/DG[i-1];
                    AE[i] = ALMD/DG[i];
                    AO[i] = (DX[i]*RHO*CP)/DELT;
                    B[i]  = AO[i]*TO[i];
                    AP[i] = AE[i] + AW[i] + AO[i];
            }
//CHAPTER 4 BOUNDARY CONDITIONS
        i = 1;
            AW[i] = 0.0;
            AE[i] = 0.0;
            AO[i] = 1.0;
                TO[i] = TH;
            B[i]  = AO[i]*TO[i];
```

```
			AP[i] = 1.0;

	i = NI;
			AW[i] = 0.0;
			AE[i] = 0.0;
			AO[i] = 1.0;
			B[i]  = AO[i]*TL;
			AP[i] = 1.0;
//CHAPTER 5 SOLVE EQUATIONS BY TDMA
			P[1] = AE[1]/AP[1];
			Q[1] = B[1]/AP[1];

			for(i=2; i<=NI; i++)
			{
				P[i] = AE[i]/(AP[i]-AW[i]*P[i-1]);
				Q[i] = (B[i]+AW[i]*Q[i-1])/(AP[i]-AW[i]*P[i-1]);
			}

			T[NI] = Q[NI];

			for(i=1; i<=NIM1; i++)
			{
				j = NI - i;
				T[j] = P[j]*T[j+1] + Q[j];
			}
//CHAPTER 6 PREPARATION FOR THE NEXT TIME STEP
			for(i=1; i<=NI; i++)
			{
				TO[i] = T[i];
			}
```

```
        }//END while
//CHAPTER 7 PRINT OUT AND TERMINATION
        printf("                    ONE DIMENSIONAL UNSTEADY HEAT CONDUCTIVITY \n");
        printf("                    ");
        printf("HIGH TEMPERATURE SIDE    %6.1f,  ,K",TH);
        printf("\n                  ");
        printf("LOW TEMPERATURE SIDE     %6.1f,  ,K",TL);
        printf("\n                  ");
        printf("TIME STEP               %6.3f,  ,SEC",DELT);
        printf("\n        ");
        printf("TEMPERATURE DISTRIBUTION AT TIME = %6.1f,  ,SEC",TIMEND);

        ISTART = 1;
        IE = NI;
        IVAL = 11;
        IEND = ISTART + IVAL - 1;

        while(1)
        {
                    IEND = ISTART + IVAL - 1;
            if(IEND>IE) IEND = IE;

                    printf("\n       i     =");
                    for(i=ISTART;i<=IEND;i++)
                    {
                            printf("%5u  ",i);
                    }
                    printf("\n       R (M)=");
                    for(i=ISTART;i<=IEND;i++)
                    {
```

```
                printf("%9.3f  ",X[i]);
            }
            printf("\n      T (K)=");
            for(i=ISTART;i<=IEND;i++)
            {
                printf("%9.2e  ",T[i]);
            }
            if(IEND==IE)break;
            ISTART = ISTART + IVAL;
    }//end while
}
```

EXA-1 输出结果

```
ONE DIMENSIONAL UNSTEADY HEAT CONDUCTIVITY
HIGH TEMPERATURE SIDE        500.0,  ,K
LOW TEMPERATURE SIDE         300.0,  ,K
TIME STEP                    1.000,  ,SEC
TEMPERATURE DISTRIBUTION AT TIME =   20.0,  ,SEC
i      =     1       2       3       4       5       6       7       8       9       10      11
R (M) =     0.000     0.020     0.040     0.060     0.080     0.100     0.120     0.140     0.160     0.180     0.200
T (K) = 5.00e+02  4.49e+02  4.03e+02  3.66e+02  3.40e+02  3.22e+02  3.12e+02  3.06e+02  3.03e+02  3.01e+02  3.00e+02
```

附录 B EXA-2 程序

```
//*************************************************************
//*                                                           *
//*   ONE-DIMENSIONAL STEADY HEAT CONDUCTION PROBLEM          *
//*     WITH HEAT TRANSFER AND HEAT GENERATION                *
//*                                                           *
```

```
//************************************************************

#include<stdio.h>
#include<math.h>
//SYMBOLS IN COMMON
//TEMP(TEMPERATURE)
    const int LL = 21;
    double T[LL];             //TEMPERATURE (K)
    double ALAMD[LL];         //THERMAL CONDUCTIVITY (W/(M*K))
    double TENV;              //TEMPERATURE OF ENVIRONMENT (K)
    double QS;                //HEAT GENERATION RATE OF INNER MATERIAL (W/M**3)
    double RESORT;            //SUM OF RESIDUAL SOURCES FOR T-VARIABLES
    double TSF;               //SURFACE TEMPERATURE (K)
//GEOM(GEOMETRY)
    double R[LL];             //RADIUS FROM SYMMETRY AXIS TO A GRID (M)
    double RW[LL];            //RADIUS TO THE WEST-WALL OF A CONTROL VOLUME (M)
    double SEW[LL];           //WIDTH OF A CONTROL VOLUME (M)
    double SEP[LL];           //XW(LL+1)-X[LL] (M)
    double SPW[LL];           //X[LL]-XW[LL] (M)
    int NI;                   //MAXIMUM NUMBER OF GRIDS OR CONTROL VOLUMES
    int NI1;                  //MAXIMUM I FOR INNER MATERIAL
    double DR;                //WIDTH OF A CONTROL VOLUME (M)
    double R1;                //OUTER RADIUS OF THE INNER MATERIAL (M)
    double R2;                //OUTER RADIUS OF THE OUTER MATERIAL (M)
//PRP(PROPERTIES)
    double C1IN,C2IN;         //CONSTANTS FOR ALAMD[I] OF INNER MATERIAL
    double C1OUT,C2OUT;       //CONSTANTS FOR ALAMD[I] OF OUTER MATERIAL
//BND(BOUNDARY)
    double ALMD;              //THERMAL CONDUCTIVITY OF AIR (W/(M*K))
    double U;                 //VELOCITY OF ENVIRONMENTAL AIR STREAM (M/S)
```

```
    double AK1,AK2;          //CONSTANTS FOR NUSSELT-REYNOLDS RELATION
    double AL1,AL2;          //CONSTANTS FOR ALMD OF AIR
    double AN1,AN2;          //CONSTANTS FOR ANYU OF AIR
//DSIZE(DIMENSION SIZE)
    int IT;                  //I-INDEX MAXIMUM DIMENSION OF DEPENDENT VARIABLES
//TDMA(T.D.M.A. COEFFICIENTS)
    double AP[LL];           //COEFFICIENT FOR POLE GRID VALUE
    double AE[LL];           //COEFFICIENT FOR EAST GRID VALUE
    double AW[LL];           //COEFFICIENT FOR WEST GRID VALUE
    double SU[LL],SP[LL];    //COEFFICIENT FOR THE LINEARIZED SOURCE TERM
//GENERAL SYMBOLS IN MAIN- & SUB-ROUTINES
    int I;                   //INDEX FOR DEPENDENT VARIABLES AND COORDINATES
    double VOL;              //VOLUME OF A CONTROL VOLUME (M**3)
    double AREAE;            //AREA OF THE EAST-WALL OF A CONTROL VOLUME (M**2)
    double AREAW;            //AREA OF THE WEST-WALL OF A CONTROL VOLUME (M**2)
    double RESOR;            //RESIDUAL SOURCE FOR THE INDIVIDUAL CONTROL VOLUME
//SYMBOLS IN MAIN ROUTINE
    int ITERT;               //INERATION COUNTER
    int MAXIT;               //MAXIMUM INTERATION FOR A RUN
    int NITERT;              //TOTOAL INTERATION NUMBER INCLUDING PREVIOUS RUNS
    int IPRINT;              //PRINT INTERVAL OF ITERT FOR MONITORING VALUES
    int JPRINT;              //PRINT INTERVAL OF ITERT FOR FIELD VALUES
    int IPRT;                //ITERATION COUNTER TO PRINT MONITORING VALUES
    int JPRT;                //ITERATION COUNTER TO PRINT FIELD VALUES
    int INITAL;              //LOGICAL PARAMETER TO PRINT INITIAL FIELD VALUES
    int IREAD;               //LOGICAL PARAMETER TO READ INITIAL FIELD VALUES FROM THE FILE
    int IWRITE;              //LOGICAL PARAMETER TO WRITE FINAL FIELD VALUES
    double SORMAX;           //MAXIMUM ACCEPTABLE RESIDUAL SORCE FOR CONVERGED SOLUTION
    int IMON;                //I-INDEX AT THE MONITORING LOCATION
    double TMONIN;           //REFERENCE VALUE FOR RESORT (=QS*X1*X1*0.5)
```

```
//SYMBOLS IN SUBROUTINE SOLVT
    double ALDE;            //OVERALL HEAT CONDUCTANCE BETWEEN P AND E (W/(M**2*K))
    double ALDW;            //OVERALL HEAT CONDUCTANCE BETWEEN W AND P (W/(M**2*K))
//SYMBOLS IN SUBROUTINE BOUND
    int NIM1;               //NI-1
    double TFILM;           //FILM TEMPERATURE (K)
    double REY;             //REYNOLDS NUMBER
    double ANYU;            //KINEMATIC VISCOSITY OF AIR (M**2/S)
    double ANUS;            //NUSSELT NUMBER
    double ALPHA;           //HEAT TRANSFER COEFFICIENT ONT SURFACE (W/(M**2*K))
    double DM1,DM2;         //DUMMY VALUES FOR OVERALL HEAT TRANSFER COEFFICIENT
    double ALDEN;           //OVERALL HEAT TRANSFER COEFFICIENT THROUGH BOUDNARY
    double TMULT;           //COEFFICIENT OF SOURCE TERM IN NIM1 CONTROL VOLUME
//SYMBOLS IN SUBROUTINE TDMA
    double PHI[LL];         //GENERAL VARIABLE SOLVED BY T.D.M.A.
    //int ISTART;           //T.D.M.A. START I-INDEX
    //int IEND;             //T.D.M.A. END I-INDEX
    double A[LL],B[LL],C[LL],D[LL],E[LL]; //ELEMENT ARRAYS OF TRI-DIAGONAL MATRIX(=AP,AE,AW,SU,SP)
    double P[LL],Q[LL];     //COEFFICIENTS FOR T.D.M.A. SUBSTITUTION
    double DUMMY;           //DUMMY VARIABLE
//SYMBOLS IN SUBROUTINE PRINTS
    int IP;                 //PARAMETER TO SELECT THE VARIABLE TO BE PRINTED
    double AL[LL];          //ARRAY TO PRINT
    double RA[LL];          //POSITION ARRAY
    int IS;                 //I-INDEX OF PRINT START LOCATION
    int IE;                 //I-INDEX OF PRINT END LOCATION
    int IVAL;               //NUMBER OF DATA PRINTED IN A LINE
    int ISTART;             //START I-INDEX IN A LINE
    int IEND;               //END I-INDEX IN A LINE
//==========================================================================
```

```
//
void CONVOL();
void INITIA();
void PROPS();
void PRINTS1();
void PRINTS2();
void SOLVT();
void BOUND();
void TDMA();
void main()
{
            int i;
            double SORCE;
//CHAPTER 0 PRELIMINARIES
//SET PARAMETERS
//MAIN ROUTINE CONTROLLER
    IPRINT = 2;
    JPRINT = 10;
    MAXIT  = 50;
    INITAL = 0;
    IREAD  = 0;
    IWRITE = 0;
    SORMAX = 0.0001;
    IMON   = 5;
//GEOMETRY
    NI  = 20;
    NI1 = 8;
    DR  = 0.01;
    IT = NI;
//PROPERTIES
```

```
        TENV = 500.0;
        QS = 1000000.0;
        C1IN = 2.84;
        C2IN = 0.0105;
        C1OUT = 102.8;
        C2OUT = -0.0707;
    //BOUNDARY PROPERTIES
        U = 10.0;
        AK1 = 0.174;
        AK2 = 0.618;
        AL1 = 0.00724;
        AL2 = 0.0000636;
        AN1 = -0.000002692;
        AN2 = 0.00000001368;
    //SET INITIAL PARAMETERS
        ITERT = 0;
        NITERT = ITERT + MAXIT;
        IPRT=ITERT + IPRINT;
        JPRT = ITERT + JPRINT;

    //CHAPTER 1 INITIALIZATION
        CONVOL();

        INITIA();

        TMONIN = QS*R1*R1*0.5;
        RESORT = 1.0;
        TSF = T[NI-1];

    //READ INITIAL FIELD VALUED
```

```
    if(IREAD!=0)
    {
            scanf("%5d",ITERT);
            scanf("%13.6E",T);
                    NITERT = ITERT + MAXIT;
                    IPRT = ITERT + IPRINT;
                    JPRT = ITERT + JPRINT;
    }

    PROPS();

//PRINT HEADINGS
printf("                    ONE DIMENSIONAL HEAT CONDUCTION PROBLEM\n");
printf("                     WITH HEAT TRANSFER AND HEAT GENERATION\n");
printf("                          INNER RADIUS = %5.3f  MM\n,                   OUTER RADIUS = %5.3f  MM\n",R1,R2);
printf("                          ENVIRONMENTAL TEMPERATURE = %6.1f  K\n,                   AIR VELOCITY = %6.1f  M/S\n",TENV,U);
printf("          |----------- ITERATION START !! -----------|\n              |-------- MONITORING LOCATION = %4d  --------\n",IMON);

//PRINT INITIAL FIELD VALUES
    if(INITAL!=0)
    {
                    PRINTS1();
                    PRINTS2();
    }
```

//CHAPTER 2 INTERATION LOOP

```
    while(((ITERT<=NITERT)&&(RESORT<=1000000000.0))&&(fabs(SORCE-RESORT)>=SORMAX))
    {
                    ITERT = ITERT + 1;
                    SORCE = RESORT;
```

```
//UPDATE MAIN DEPENDENT VARIABLES
                    SOLVT();
//UPDATE PROPERTIES
                    PROPS();
//INTERMEDIATE OUTPUT
                    RESORT = RESORT/TMONIN;
//MONITORING VALUES & RESIDUAL SOURCE
                    if(ITERT==IPRT)
                    {
                         IPRT = IPRT + IPRINT;
                       printf("                %5d ,%13.4f ,%13.4f\n",ITERT,T[IMON],RESORT);
                    }
//ALL FIELD VALUES
                    if(ITERT==JPRT)
                    {
                         JPRT = JPRT + JPRINT;
                         PRINTS1();
                    }
    } //WHILE
//CHAPTER 3 TERMINATING OPERATION
    if(ITERT>NITERT||fabs(SORCE-RESORT)>SORMAX)
    {
          printf("<<<<<<<<<<<< NOT CONVERGING !! >>>>>>>>>>>\n");
    }
    else if(fabs(SORCE-RESORT)<SORMAX)
    {
          printf(">>>>>>>>>>>  CONVERGING !! <<<<<<<<<<<\n");
    }

//FINAL OUTPUT
```

```
printf(" NUMBER OF ITERATIONS = %5d\n",ITERT);
    PRINTS1();
    PRINTS2();
//WITHOUT FORMAT
    if(IWRITE!=0)
    {
            printf("%5d",ITERT);

                    for(i=1;i<=NI;i++)
                    {
                            printf("%13.6f  ",T);
                    }
    }
} //MAIN

void CONVOL(void)
{
            int i;

            R[1] = -DR*0.5;

            for(i=2;i<=NI;i++)
            {
                            R[i] = R[i-1]+DR;
            }
            R1=(R[NI1]+R[NI1+1])*0.5;
            R2=(R[NI-1]+R[NI])*0.5;

            RW[1] = -DR;
```

```
        for(i=2;i<=NI;i++)
        {
                RW[i] = 0.5*(R[i]+R[i-1]);
        }

        SEW[NI] = DR;

        for(i=1;i<=NI-1;i++)
        {
                SEW[i] = RW[i+1]-RW[i];
        }

        SEP[NI] = DR*0.5;
        SPW[NI] = DR*0.5;

        for(i=1;i<=NI-1;i++)
        {
                SEP[i] = RW[i+1]-R[i];
                SPW[i] = R[i] - RW[i];
        }

}

void INITIA(void)
{
        int i;

        for(i=1;i<=NI;i++)
        {
                ALAMD[i] = 0.0;
```

```
                T[i] = TENV;
                AP[i] = 0.0;
                AE[i] = 0.0;
                AW[i] = 0.0;
                SU[i] = 0.0;
                SP[i] = 0.0;
        }

}

void PROPS(void)
{
        int i;
//THERMAL CONDUCTIVITY
//INNER MATERIAL
        for(i=1;i<=NI1;i++)
        {
                if(T[i]<0.0)T[i]=0.0;
                ALAMD[i] = C1IN + C2IN*T[i];
        }
//OUTER MATERIAL
        for(i=NI1+1;i<=NI;i++)
        {
                ALAMD[i] = C1OUT+C2OUT*T[i];
        }

}

void PRINTS1(void)
{
```

```
int i;
printf(" =====>> T PROFILE   (K)\n");

IVAL = 10;
ISTART = 1;

while(1)
{
                IEND = ISTART + IVAL - 1;
        if(IEND>NI)IEND = NI;

printf("     i    =%6d");
        for(i=ISTART;i<=IEND;i++)
        {
                printf("%6d    ",i);
}

printf("\n      R (M)=");
        for(i=ISTART;i<=IEND;i++)
        {
                printf("%10.3f ",R[i]);
}


        for(i=ISTART;i<=IEND;i++)
        {
                printf("%10.3f ",T[i]);
        }

                if(IEND==NI)break;
                ISTART = ISTART + IVAL;
```

```
        }//END WHILE
}

void PRINTS2(void)
{
        int i;
        printf(" =====>> LAMDA PROFILE   (W/MK)\n");

        IVAL = 10;
        ISTART = 1;

        while(1)
        {
                        IEND = ISTART + IVAL - 1;
                if(IEND>NI)IEND = NI;

        printf("                i       =%6d");
                for(i=ISTART;i<=IEND;i++)
                {
                        printf("%6d    ",i);
                }

        printf("\n                R (M)=");
                for(i=ISTART;i<=IEND;i++)
                {
                        printf("%10.3f ",R[i]);
                }

                for(i=ISTART;i<=IEND;i++)
```

```
                {
                        printf("%10.3f ",ALAMD[i]);
                }

                        if(IEND==NI)break;
                        ISTART = ISTART + IVAL;

        }//END WHILE
}

void SOLVT(void)
{
        int i;
        double SOURCE;
//ASSEMBLY OF COEFFICIENTS
        for(i=2;i<=NI-1;i++)
        {
                VOL = R[i]*SEW[i];
                AREAE = RW[i+1];
                AREAW = RW[i];
                ALDE = 1.0/(SPW[i+1]/ALAMD[i+1]+SEP[i]/ALAMD[i]);
                AE[i] = ALDE*AREAE;
                ALDW = 1.0/(SPW[i]/ALAMD[i]+SEP[i-1]/ALAMD[i-1]);
                AW[i] = ALDW*AREAW;
                if(i<=NI1)
                {
                        SOURCE = QS*VOL;
                }
                else
                {
```

```
                                    SOURCE = 0.0;
                        }
                        SU[i] = SOURCE;
                        SP[i] = 0.0;
            }
//BOUNDARY CONDITIONS
            BOUND();
//FINAL COEFFICIENTS ASSEMBLY
            RESORT = 0.0;
            for(i=2;i<=NI-1;i++)
            {
                        AP[i] = AE[i] + AW[i] - SP[i];
                        RESOR = AE[i]*T[i+1] +AW[i]*T[i-1] - AP[i]*T[i]*SU[i];
                        RESORT = RESORT + fabs(RESOR);
            }
//SOLVE EQUATIONS BY T.D.M.A
            TDMA();
}
void BOUND(void)
{
//BOUNDARY CONDITIONS
////AT SYMMETRY AXIS (I=2)
            T[1] = T[2];
            AW[2] = 0.0;
//AT OUTER SURFACE (I = NI-1)
            NIM1 = NI-1;
            TFILM = (TENV + TSF)*0.5;
//HEAT TRANSFER COEFFICIENT
            ALMD = AL1+AL2*TFILM;
            ANYU = AN1+AN2*TFILM;
```

```
        REY = 2.0*U*R2/ANYU;
        ANUS = AK1*pow(REY,AK2);
        ALPHA = 0.5*ANUS/R2*ALMD;

        DM1 = ALPHA;
        DM2 = ALAMD[NIM1]/SEP[NIM1];
        TSF = (DM1*TENV+DM2*T[NIM1])/(DM1+DM2);
        T[NI] = TSF;

        ALDEN = 1.0/(1.0/DM1 + 1.0/DM2);
        AREAE = RW[NI];
        TMULT = ALDEN*AREAE;
        SU[NIM1] = SU[NIM1] + TENV*TMULT;
        SP[NIM1] = SP[NIM1] - TMULT;
        AE[NIM1] = 0.0;
}
void TDMA(void)
{
        int i;
        for(i=2;i<=NI-1;i++)
        {
                A[i] = AP[i];
                B[i] = AE[i];
                C[i] = AW[i];
                D[i] = SU[i];
                E[i] = SP[i];
                DUMMY = 1.0/(A[i]-C[i]*P[i-1]);
                P[i] = B[i]*DUMMY;
                Q[i] = (D[i]+C[i]*Q[i-1])*DUMMY;
        }
```

```
        for(i=NI-1;i>=2;i--)
        {
                T[i] = P[i]*T[i+1]+Q[i];
        }
}
```

EXA-2 输出结果

```
    ONE DIMENSIONAL HEAT CONDUCTION PROBLEM
    WITH HEAT TRANSFER AND HEAT GENERATION
INNER RADIUS = 0.070  MM,
OUTER RADIUS = 0.180  MM
ENVIRONMENTAL TEMPERATURE =  500.0  K,
AIR VELOCITY =   10.0  M/S
|----------- ITERATION START !! -----------|
            |-------- MONITORING LOCATION =   5  --------
                  2 ,   782.7156 , 2141493.8107
                  4 ,   786.6539 , 2097936.0479
                  6 ,   786.7015 , 2097366.6597
                  8 ,   786.7021 , 2097358.9829
                 10 ,   786.7021 , 2097358.8791
=====>> T PROFILE   (K)
i    =20445832   1    2    3    4    5    6    7    8    9    10
R (M)=  -0.005   0.005   0.015   0.025   0.035   0.045   0.055   0.065   0.075   0.085   813.392   813.392
808.990   800.130   786.702   768.527   745.350   716.817   696.668   690.970   i   =20445832   11   12   13
14   15   16   17   18   19   20
R (M)=  0.095   0.105   0.115   0.125   0.135   0.145   0.155   0.165   0.175   0.185   685.940   681.442
677.375   673.665   670.257   667.105   664.175   661.438   658.870   657.659      12 ,   786.7021 , 2097358.8777
>>>>>>>>>> CONVERGING !! <<<<<<<<<<<
NUMBER OF ITERATIONS =   12
=====>> T PROFILE   (K)
i   =20445832   1    2    3    4    5    6    7    8    9    10
```

```
R (M)=  -0.005  0.005  0.015  0.025  0.035  0.045  0.055  0.065  0.075  0.085  813.392  813.392
808.990  800.130  786.702  768.527  745.350  716.817  696.668  690.970   i  =20445832  11   12   13
14   15   16   17   18   19   20
R (M)=  0.095  0.105  0.115  0.125  0.135  0.145  0.155  0.165  0.175  0.185  685.940  681.442
677.375  673.665  670.257  667.105  664.175  661.438  658.870  657.659 =====>> LAMDA PROFILE  (W/MK)
i  =20445832  1   2   3   4   5   6   7   8   9   10
R (M)=  -0.005  0.005  0.015  0.025  0.035  0.045  0.055  0.065  0.075  0.085  11.381  11.381
11.334  11.241  11.100  10.910  10.666  10.367  53.546  53.948   i  =20445832  11   12   13
14   15   16   17   18   19   20
R (M)=  0.095  0.105  0.115  0.125  0.135  0.145  0.155  0.165  0.175  0.185  54.304  54.622
54.910  55.172  55.413  55.636  55.843  56.036  56.218  56.303
```

附录 C 传热和流动解析通用程序 SUNSET-C

```c
#define _CRT_SECURE_NO_WARNINGS
#include<stdio.h>
#include<math.h>
#include <string.h>

double PHI[41][241],PHIOLD[41][241],GAM[41][41];
double SC[41][41],SP[41][41],AE[41][41],AW[41][41],AN[41][41],AS[41][41];
double SDX[41][41],SDY[41][41];

int NITERT,ITERT,INTPRI,NLUMP,ISCAN,JSCAN;
double DTIME;
int ISOLVE[11],IPRINT[11],LUMPE[11],LUMPW[11],LUMPN[11],LUMPS[11];
int IRMAX,JRMAX;
```

```
double RESMAX;

int ITIMST,NTIMST,ITURB,IRAD,IREAD,NPHI,IPHI,IU,IV,IPC,IT,IW,IP,NI,NJ;
int JDIM,IREF,JREF;
double RENO,GRNO,DIRCOS,PR,TIME;
int IFORS[41][41];
double ALPHA[11];
int NIM1,NJM1,NIP1,NJP1,IEND,JEND,ICNTDF;

double X[41],Y[41],XP[41],YP[41],DXP[41],DYP[41],DXU[41],DYV[41];
double DX[41],DY[41],DELX[41],DELY[41],FACX[41],FACY[41],RX[41],RY[41];
double BIGNO,ZERO;

//INOUTVARS
char HEADIN_x[] = {"\nX-DIRECTION VELOCITY U"};
char HEADIN_y[] = {"Y-DIRECTION VELOCITY V"};
char HEADIN_pc[] = {"PRESSURE CORRECTION PC"};
char HEADIN_t[] = {"TEMPERATURE T"};
char HEADIN_w[] = {"SWIRL VELLOCITY W"};
char HEADIN_p[] = {"PRESSURE P"};

double XPR[41],YPR[41],PHIPR[41][41];
int NULLL;
int NPHIP1;
double FAC;

//SOLPHIVARS
double FS[41],ASS[41];
double GAMS;
```

```
//SUBSOLVARS
double AP[41][41],AI[41],BI[41],CI[41],DI[41];

//PHITRANS
int JJU,JJV,JJPC,JJT,JJW,JJP;
int IENDM1,JENDM1;

void SOLPHI();
void CONVOL();
void CONFIG();
void INITIA();
void DATAIN();
void PRINTS();
void CORREC();
void BOUNDS();
void SETDXY();
void SETRXY();
void SETGAM();
void SOURCE();
void SOLMAT();
void THOMASI();
void THOMASJ();
double GAMWAL(double,double,double,double,int);
void DATABLOCK();
void GAMAIN();
double AMAX1(double, double, double);
int MIN0(int, int);
void output_steady();
void output_unsteady();
void output_matrix_unsteady();
```

```
void output_matrix_steady();

int main()
{
        char FILE1[16],FILE2[16];
        FILE *fp;
        int i,j,jj,j0;

        //double (*U)[41][41] = &PHI[1][1];U[I][J] == PHI[I][J]
        //double (*V)[41][41] = &PHI[1][41];V[I][J] == PHI[I][J+40]
        //double (*PC)[41][41] = &PHI[1][81];PC[I][J] == PHI[I][J+80]
        //double (*T)[41][41] = &PHI[1][121];T[I][J] == PHI[I][J+120]
        //double (*W)[41][41] = &PHI[1][161];W[I][J] == PHI[I][J+160]
        //double (*P)[41][41] = &PHI[1][201];P[I][J] == PHI[I][J+200]

        JJU = 0;
        JJV = 40;
        JJPC = 80;
        JJT = 120;
        JJW = 160;
        JJP = 200;

    DATABLOCK();
        CONVOL();
        CONFIG();
        INITIA();
        TIME = 0.0;
        DATAIN();

        printf("+ TYPE OUTPUT FILE NAME:");    //  file for output
```

```
	scanf("%16s",FILE2);			// cout<<"   Your output file name is "<< FILE2 <<endl;
	if(IREAD==1)//2000
	{
		printf("+   TYPE INPUT FILE NAME:");		//FILE1 for "read and add" when IREAD is 1
		scanf("%16s",FILE1);
		fp=fopen(FILE1,"a+");
		fscanf(fp,"%d%d%f%f%f%f%f",NI,NJ,TIME,PHI,PHIOLD,XP,YP);
		fclose(fp);
	}//2000
	printf(" ***SUNSET-C(A SOLVER FOR UNSTEADY N-S EQUS 2D)***\n\
			MAXIMUM NUMBER OF TIME STEPS, NTIMST = %4d\n\
			ITERATION STEPS FOR EACH TIME STEP, NITERT = %4d\n\
			TIME INCREMENT, DTIME = %10.3f\n\
			REYNOLDS NUMBER, RENO = %10.3f\n\
			GRASHOF NUMBER, GRNO = %10.3f\n\
			PRANDTL NUMBER, PR = %10.3f\n\
			ITURB = 1 FOR TUBULENT FLOW, ITURB = %4d\n\
			IRAD = 1 FOR CYLINDRICAL COORIDINATES, IRAD = %4d\n\
			ICNTDF = 1 FOR CENTRAL DIFFERENCE, ICNTDF = %4d\n"\
			,NTIMST,NITERT,DTIME,RENO,GRNO,PR,ITURB,IRAD,ICNTDF);
	printf("\n\n  GEOMETRICAL CONFIGURATION, IFORS(I,J)\n");
for(j=1;j<=NJP1;j++)//1000  NJP1=NJ+1 NJM1=NJ-1
	{
			jj = NJP1-j+1;
			printf("  %2d",jj);
			for(i=1;i<=NIP1;i++)
	  {
			printf("  %2d",IFORS[i][jj]);
	  }
			printf("\n");
```

```
}

jj = 0;
printf("  %2d",jj);
for(i=1;i<=NIP1;i++)
{
        printf("  %2d",i);
}
printf("\n");
PRINTS();

for(ITIMST=1;ITIMST<=NTIMST;ITIMST++)//1100
{
        if(NTIMST!=1)//1200
        {
                TIME = TIME + DTIME;
                for(IPHI=1;IPHI<=NPHI;IPHI++)//1300
                {
                        j0 = (IPHI-1)*JDIM;
                        for(j=1;j<=NJP1;j++)//1300
                        {
                                jj=j0+j;
                                for(i=1;i<=NIP1;i++)//1300
                                {
                                        PHIOLD[i][jj]=PHI[i][jj];
                                }//END 1300I
                        }//END 1300J
                }//end 1300IPHI
                DATAIN();
        }//1200
```

```
		for(ITERT=1;ITERT<=NITERT;ITERT++)//1400
		{
			for(IPHI=1;IPHI<=3;IPHI++)//1500
			{
				SOLPHI();
			}//END 1500
			CORREC();
			printf(" \n ITIMST=%4d TIME=%10.3f ITERT=%4d RESMAX=%10.3f IRMAX=%3d JRMAX=%3d USCAN=%10.3f
VSCAN=%10.3f PSCAN=%10.3f"\

	,ITIMST,TIME,ITERT,RESMAX,IRMAX,JRMAX,PHI[ISCAN][JSCAN+JJU],PHI[ISCAN][JSCAN+JJV],PHI[ISCAN][JSCAN+JJP]);
			if(NPHI>3)//1600
			{
				for(IPHI=4;IPHI<=NPHI;IPHI++)//1700
				{
					SOLPHI();
				}//END 1700
			}//1600
			BOUNDS();
			DATAIN();
			if(NTIMST==1)
			{
				if(ITERT%INTPRI==0)output_steady();
				if(ITERT%INTPRI==0)output_matrix_steady();
			}
			if((NTIMST==1)&&((ITERT%INTPRI)==0))PRINTS();
		}//END 1400
		if(NTIMST!=1)
		{
```

```
				if(ITIMST%INTPRI==0)output_unsteady();
				if(ITIMST%INTPRI==0)output_matrix_unsteady();
			}
			if((NTIMST>1)&&((ITIMST%INTPRI)==0))PRINTS();
	}//END 1100
	if((NTIMST==1)&&((NITERT%INTPRI)!=0))PRINTS();
	if((NTIMST>1)&&((NITERT%INTPRI)!=0))PRINTS();
	fp=fopen(FILE2,"a+");
	fprintf(fp,"%5d%5d%5d%12.6f%12.6f%12.6f%12.6f%12.6f",NI,NJ,TIME,PHI,PHIOLD,XP,YP);	//format001
	fclose(fp);
}//end main

//Subroutine: INOUTS
void CONVOL(void)// 计算控制体积的尺寸
{
	int I,J;

	NIP1 = NI + 1;
	NIM1 = NI - 1;
	NJP1 = NJ + 1;
	NJM1 = NJ - 1;

	for(I=2;I<=NI;I++)//1100
	{
			DXP[I] = X[I] - X[I-1];
			XP[I] = 0.5*(X[I] + X[I-1]);
	}//end 1100

	XP[1] = X[1]-0.5*DXP[2];
	XP[NIP1] = X[NI] + 0.5*DXP[NI];
```

```
        DXP[1] = DXP[2];
        DXP[NIP1]=DXP[NI];

        for(I=1;I<=NI;I++)//1200
        {
                DXU[I] = XP[I+1] - XP[I];
        }//END 1200

        for(J=2;J<=NJ;J++)//1300
        {
                DYP[J] = Y[J] - Y[J-1];
                YP[J] = 0.5*(Y[J]+Y[J-1]);
        }//END 1300

        YP[1] = Y[1] - 0.5*DYP[2];
        YP[NJP1] = Y[NJ] + 0.5*DYP[NJ];
        DYP[1] = DYP[2];
        DYP[NJP1] = DYP[NJ];

        for(J=1;J<=NJ;J++)//1400
        {
                DYV[J] = YP[J+1] - YP[J];
        }//END 1400

        return;
}

void CONFIG(void)// 通过 LUMP 值设定 IFORS 值
{
        int I,J,K;
```

```
NULLL = 0;

for(J=1;J<=NJP1;J++)//2100
{
            for(I=1;I<=NIP1;I++)//2100
            {
                    IFORS[I][J] = 1;
            }//END 2100I
}//END 2100J

if(NLUMP!=0)
{

for(K=1;K<=NLUMP;K++)//2200
{
            for(J=LUMPS[K];J<=LUMPN[K];J++)//2200
            {
                    for(I=LUMPW[K];I<=LUMPE[K];I++)//2200
                    {
                            IFORS[I][J] = 0;
                    }//END 2200I
            }//END 2200J
}//END 2200K

for(K=1;K<=NLUMP;K++)//2300
{
            for(I=LUMPW[K];I<=LUMPE[K];I++)//2400
            {
                    J=LUMPS[K] - 1;
                    if(J>1)//2450
```

```
                    {
                              if(IFORS[I][J]==1)IFORS[I][J]=2;
                    }//END 2450
                    J=LUMPN[K] + 1;
                    if(J<NJP1)//2400
                    {
                              if(IFORS[I][J]==1)IFORS[I][J]=2;
                    }
          }//END 2400I

          for(J=LUMPS[K];J<=LUMPN[K];J++)//2300
          {
                    I = LUMPW[K] - 1;
                    if(I>1)//2350
                    {
                              if(IFORS[I][J]==1)IFORS[I][J]=2;
                    }//end 2350
                    I = LUMPE[K] + 1;
                    if(I<NIP1)//2300
                    {
                              if(IFORS[I][J]==1)IFORS[I][J]=2;
                    }//end 2300
          }//END 2300J
     }//END 2300K

     }
}

void INITIA(void)// 初始默认值的设定
{
```

```
    int I,J,J0,JJ;
    ZERO = 0;
    NPHIP1 = NPHI + 1;
    for(IPHI=1;IPHI<=NPHIP1;IPHI++)//3100
    {
            J0 = (IPHI-1)*JDIM;
            for(J=1;J<=NJP1;J++)//3100
            {
                    JJ = J0 + J;
                    for(I=1;I<=NIP1;I++)//3100
                    {
                            PHI[I][JJ]=ZERO;
                    }//END 3100I
            }//END 3100J
    }//end 3100IPHI
    for(J=1;J<=NJP1;J++)//3200
    {
            for(I=1;I<=NIP1;I++)//3200
            {
                    SDX[I][J] = ZERO;
                    SDY[I][J] = ZERO;
            }//END 3200I
    }//END 3200J

    PHI[IREF][JJT+JREF] = 1.E-30;

    return;
}

void PRINTS(void)// 结果输出
```

```
{
        int I,J,J0,JJ;
        int IPR,IPREND,debugI;
        double debug;

        NPHIP1 = NPHI + 1;
        for(IPHI=1;IPHI<=NPHIP1;IPHI++)//4100
        {
                debugI = IPRINT[IPHI];
                if(IPRINT[IPHI]==0)continue;

                IEND = NIP1;
                JEND = NJP1;
                J0 = (IPHI-1)*JDIM;
                if(IPHI==IU)//4200
                {
                        for(I=1;I<=NI;I++)//4300
                        {
                                XPR[I] = X[I];
                        }//END 4300
                        IEND = NI;

                }else{//4200 4400
                        for(I=1;I<=NIP1;I++)//4500
                        {
                                XPR[I] = XP[I];
                                debug = XPR[I];
                        }//END 4500
                }//END 4200
                if(IPHI==IV)//4600
```

```
{
        for(J=1;J<=NJ;J++)//4700
        {
                YPR[J] = Y[J];
        }//END 4700
        JEND = NJ;
}else{//END 4600 4800
        for(J=1;J<=NJP1;J++)//4900
        {
                YPR[J]=YP[J];
        }//END 4900
}//END 4600
J0 = (IPHI-1)*JDIM;//4800 //40
for(J=1;J<=JEND;J++)//4805
{
        JJ = J0 + J;
        for(I=1;I<=IEND;I++)//4805
        {
                PHIPR[I][J] = PHI[I][JJ];
        }//END 4805I
}//END 4805J
if(IPHI!=IP)//4850
{
        for(J=2;J<=NJ;J++)//4810
        {
                JJ = J0 + J;
                for(I=2;I<=NI;I++)//4810
                {
                        if(IFORS[I][J]==2)//4810
                        {
```

```
    if(IPHI!=IU)//4820
    {
        if(IPHI!=IV||IFORS[I][J+1]==2)//4820
        {
            if(IFORS[I+1][J]==0)//4830
            {
                FAC = 0.5*DXP[I]/DXU[I-1];
                PHIPR[I+1][J]=(PHI[I+1][JJ]-(1.0-FAC)*PHI[I][JJ])/FAC;
            }//4830
            if(IFORS[I-1][J]==0)//4820
            {
                FAC = 0.5*DXP[I]/DXU[I-1];
                PHIPR[I-1][J] = (PHI[I-1][JJ]-(1.0-FAC)*PHI[I][JJ])/FAC;
            }//4820
        }//4820
}//4820
    if(IPHI!=IV)//4810
    {
        if(IPHI!=IU||IFORS[I+1][J]==2)//4810
        {
            if(IFORS[I][J+1]==0)//4840
            {
                FAC = 0.5*DYP[J]/DYV[J];
                PHIPR[I][J+1] = (PHI[I][JJ+1]-(1.0-FAC)*PHI[I][JJ])/FAC;
            }//4840
            if(IFORS[I][J-1]==0)//4810
            {
                FAC = 0.5*DYP[J]/DYV[J-1];
          PHIPR[I][J-1] = (PHI[I][JJ-1]-(1.0-FAC)*PHI[I][JJ])/FAC;
            }//4810
```

```
                                                }//4810
                                            }//4810
                                        }//4810
                                    }//END 4810I
                        }//END 4810J
            }//4850
            if(IPHI==1)
            {
                        printf(HEADIN_x);
                        printf("\n");
            }
            if(IPHI==2)
            {
                        printf(HEADIN_y);
                        printf("\n");
            }
            if(IPHI==3)
            {
                        printf(HEADIN_pc);
                        printf("\n");
            }
            if(IPHI==4)
            {
                        printf(HEADIN_t);
                        printf("\n");
            }
            if(IPHI==5)
            {
                        printf(HEADIN_w);
                        printf("\n");
```

```
}
if(IPHI==6)
{
            printf(HEADIN_p);
            printf("\n");
}

IPR = -11;
IPR = IPR + 12;
IPREND = IPR + 11;

IPREND = MIN0(IPREND,IEND);
printf("I  ");
for(I=IPR;I<=IPREND;I++)
{
            printf("%3d  ",I);
}
if(IPHI!=1)
{
            printf("Y");
}
printf("\n");
for(J=1;J<=JEND;J++)//5100
{
            JJ = JEND - J + 1;
            printf("%3d  ",JJ);
            for(I=IPR;I<=IPREND;I++)
            {
                        printf("%10.2f ",PHIPR[I][JJ]);
            }
```

```
            printf("%7.3f \n",YPR[JJ]);
}//end 5100
printf("X= ");
for(I=IPR;I<=IPREND;I++)
{
            debug = XPR[I];
            printf("%10.2f  ",XPR[I]);
}
printf("\n");

while(IPREND<IEND)//5000
{
            IPR = IPR + 12;
   IPREND = IPR + 11;

   IPREND = MIN0(IPREND,IEND);
            printf("I  ");
   for(I=IPR;I<=IPREND;I++)
   {
            printf("%3d  ",I);
   }
 printf("\n");
   for(J=1;J<=JEND;J++)//5100
   {
               JJ = JEND - J + 1;
                        printf("%3d  ",JJ);
            for(I=IPR;I<=IPREND;I++)
               {
                        printf("%10.2f ",JJ,PHIPR[I][JJ]);
               }
```

```
                }//end 5100
                for(I=IPR;I<=IPREND;I++)
                {
                        printf("X= %10.2f",XPR[I]);
                }
                        printf("%7.3f \n",YPR[JJ]);
            }//5000
        }//END 4100
        printf("                                        ");
}

//Subroutine: SOLPHI
void SOLPHI(void)// 用于求解一般形式控制方程的核心程序，并包括子程序例程 SUBSOL
{
        int I,J;
        double VS,DS,A,UW,GAMW,FW,AWW,DW,UE,GAME,VN,GAMN,FE,FN,RES,DE,DN;
        double debug;
        int debugI;

        debugI = ISOLVE[IPHI];
        if(ISOLVE[IPHI]!=0)
        {
        if(IPHI==IPC) RESMAX = 0.0;
        SETDXY();
        SETRXY();
        if(IPHI!=IPC) SETGAM();
        for(I=2;I<=IEND;I++)//1100
        {
                if(IPHI==IU)//1200
                {
```

```
            VS = 0.5*(PHI[I][1+JJV]+PHI[I+1][1+JJV]);
            GAMS = 0.25*(GAM[I][1]+GAM[I+1][1]+GAM[I][2]+GAM[I+1][2]);
        }else if(IPHI==IV)//1200 1300 1400
        {
            VS = 0.5*(PHI[I][1+JJV]+PHI[I][2+JJV]);
            GAMS=GAM[I][2];
        }else//1400         1300
        {
            VS = PHI[1][1+JJV];
            GAMS = 0.5*(GAM[1][1]+GAM[1][2]);
        }//1300
        FS[I] = VS*DX[I]*RY[1];
        if(IPHI==IPC)//1500
        {
            ASS[I] = DX[I]*RY[1]*SDY[I][1];
        }else{//1500 1100
            DS = GAMS*DX[I]/DELY[1]*RY[1];
            A = 0.5*FS[I]+DS;
            ASS[I] = AMAX1(A,FS[I],0.0);
        }//1100
}//END 1100
for(J=2;J<=JEND;J++)//1600
{
        if(IPHI==IU)//1700
        {
            UW = 0.5*(PHI[1][J+JJU]+PHI[2][J+JJU]);
            GAMW=GAM[2][J];
        }else if(IPHI==IV)//1700 1800 1900
        {
            UW = 0.5*(PHI[1][J+JJU]+PHI[1][J+1+JJU]);
```

```
        GAMW = 0.25*(GAM[1][J]+GAM[1][J+1]+GAM[2][J]+GAM[2][J+1]);
}else//1800 1900
{
        UW = PHI[1][J+JJU];
        GAMW = 0.5*(GAM[1][J]+GAM[2][J]);
}//1900
FW = UW*DY[J]*RX[J];//1800
if(IPHI==IPC)//2100
{
        AWW = DY[J]*RX[J]*SDX[1][J];
}else{//2100 2200
        DW = GAMW*DY[J]/DELX[1]*RX[J];
        A = 0.5*FW + DW;
        AWW = AMAX1(A,FW,0.0);
}//2200

for(I=2;I<=IEND;I++)//1600
{
        AW[I][J] = AWW;
        AS[I][J] = ASS[I];

        UE = PHI[I][J+JJU];
        GAME =(1.0-FACX[I])*GAM[I][J]+FACX[I]*GAM[I+1][J];
        VN = PHI[I][J+JJV];
        GAMN =(1.0-FACY[J])*GAM[I][J]+FACY[J]*GAM[I][J+1];
        if(IPHI==IU)//2300
        {
                UE = 0.5*(PHI[I][J+JJU]+PHI[I+1][J+JJU]);
                GAME = GAM[I+1][J];
                VN = 0.5*(PHI[I][J+JJV]+PHI[I+1][J+JJV]);
```

```
            GAMN = 0.5*(1.0-FACY[J])*(GAM[I][J]+GAM[I+1][J])+0.5*FACY[J]*(GAM[I][J+1]+GAM[I+1][J+1]);

        }
        if(IPHI==IV)//2500
        {
            UE = 0.5*(PHI[I][J+JJU]+PHI[I][J+1+JJU]);
            GAME = 0.5*(1.0-FACX[I])*(GAM[I][J]+GAM[I][J+1])+0.5*FACX[I]*(GAM[I+1][J]+GAM[I+1][J+1]);
            VN = 0.5*(PHI[I][J+JJV]+PHI[I][J+1+JJV]);
            GAMN = GAM[I][J+1];
        }
        FE = UE*DY[J]*RX[J];
        FN = VN*DX[I]*RY[J];
        if(IPHI==IPC)//2600
        {
            AE[I][J] = DY[J]*RX[J]*SDX[I][J];
            AN[I][J] = DX[J]*RY[J]*SDY[I][J];
            AWW = AE[I][J];
            ASS[I] = AN[I][J];
            SC[I][J] = FW-FE+FS[I]-FN;
            SP[I][J] = ZERO;
            if(IFORS[I][J]!=0)//2700
            {
                RES = fabs(SC[I][J]);
                if(RES>RESMAX)//2700
                {
                    RESMAX = RES;
                    IRMAX = I;
                    JRMAX = J;
                }//2700
            }//2700
```

```
        }else{//2600 2700
              DE = GAME*DY[J]/DELX[I]*RX[J];
              A = -FACX[I]*FE+DE;
              AE[I][J] = AMAX1(A,-FE,0.0);
              if(ICNTDF==1)AE[I][J] = A;
              A = (1.0-FACX[I])*FE+DE;
              AWW = AMAX1(A,-FE,0.0);
              if(ICNTDF==1)AWW = A;
              DN = GAMN*DX[I]/DELY[J]*RY[J];
              A = -FACY[J]*FN+DN;
              AN[I][J]=AMAX1(A,-FN,0.0);
              if(ICNTDF==1)AN[I][J] = A;
              A = (1.0-FACY[J])*FN+DN;
              ASS[I] = AMAX1(A,FN,0.0);
              if(ICNTDF==1)ASS[I] = A;
              SC[I][J]=ZERO;
              if(IPHI==IU) SC[I][J]=DY[J]*RX[J]*(PHI[I][J+JJP]-PHI[I+1][J+JJP]);
              if(IPHI==IV) SC[I][J]=DX[J]*RX[J]*(PHI[I][J+JJP]-PHI[I][J+1+JJP]);
              RES = FE-FW+FN-FS[I];
              SP[I][J]=-AMAX1(0.0,RES,0.0);
              if(ICNTDF==1) SP[I][J] = -RES;
        }//2700
        FW = FE;
        FS[I] = FN;
     }//END 1600I
  }//END 1600J
  SOURCE();
  SOLMAT();
  }
}
```

```
//Subroutine: Update
void CORREC(void)// 求解压力修正方程式后，对速度场和压力场进行更新
{
        int I,J;
        double PREF;

  for(I=2;I<=NI;I++)//1100
        {
                for(J=2;J<=NJ;J++)//1100
                {
                        PHI[I][J+JJU] = PHI[I][J+JJU]+SDX[I][J]*(PHI[I][J+JJPC]-PHI[I+1][J+JJPC]);
                        PHI[I][J+JJV] = PHI[I][J+JJV]+SDY[I][J]*(PHI[I][J+JJPC]-PHI[I][J+1+JJPC]);
                        PHI[I][J+JJP] = PHI[I][J+JJP]+ALPHA[IP]*PHI[I][J+JJPC];
                }//END 1100J
        }//END 1100I
        PREF = PHI[IREF][JREF+JJP];
        for(I=2;I<=NI;I++)//1200
        {
                for(J=2;J<=NJ;J++)//1200
                {
                        PHI[I][J+JJP]=PHI[I][J+JJP]-PREF;
                        if(IFORS[I][J]==0) PHI[I][J+JJP] = ZERO;
                        PHI[I][J+JJPC] = ZERO;
                }//END 1200J
        }//END 1200I
}

void BOUNDS(void)// 速度未知边界和对称边界的边界值的更新
{
```

```
        int I,J,J0,JJ;
        double FACR,FACW,FACE,FACN;

        for(J=2;J<=NJ;J++)
        {
                PHI[1][J+JJU] = ZERO;
                PHI[NI][J+JJU] = ZERO;

                PHI[1][J+JJV] = ZERO;
                PHI[NI][J+JJV] = ZERO;
        }

        for(I=2;I<=NI;I++)
        {
                PHI[I][NJ+JJU] = ZERO;
                PHI[I][NJ+JJU] = ZERO;

                PHI[I][1+JJV] = ZERO;
                PHI[I][1+JJV] = ZERO;
        }

    for(J=2;J<=NJ;J++)//2000
        {
                if(IFORS[1][J]!=0) PHI[1][J+JJU]=PHI[2][J+JJU];
                if(IFORS[NIP1][J]!=0) PHI[NI][J+JJU]=PHI[NIM1][J+JJU];
        }//END 2000
        FACR = 1.0;
        if(IRAD==1) FACR = Y[NJM1]/Y[NJ];
        for(I=2;I<=NI;I++)//2100
        {
```

```
        if(IFORS[I][NJP1]!=0) PHI[I][NJ+JJV]=FACR*PHI[I][NJM1+JJV];
}//END 2100
FACW = DXU[2]/(DXU[2]+DXU[1]);
FACE = DXU[NIM1]/(DXU[NIM1]+DXU[NI]);
FACN = DYV[NJM1]/(DYV[NJM1]+DYV[NJ]);
NPHIP1 = NPHI+1;
for(IPHI=4;IPHI<=NPHIP1;IPHI++)//2200
{
        J0 = (IPHI-1)*JDIM;
        for(J=2;J<=NJ;J++)//2250
        {
                JJ = J0+J;
                if(IFORS[1][J]!=0) PHI[1][JJ] = (PHI[2][JJ]-(1.0-FACW)*PHI[3][JJ])/FACW;
                if(IFORS[NIP1][J]!=0) PHI[NIP1][JJ] = (PHI[NI][JJ]-(1.0-FACW)*PHI[NIM1][JJ])/FACE;
        }//END 2250
        JJ = J0 + NJ;
        for(I=2;I<=NI;I++)
        {
                if(IFORS[I][NJP1]!=0) PHI[I][JJ+1] = (PHI[I][JJ]-(1.0-FACW)*PHI[I][JJ-1])/FACN;
        }//END 2200I
}//END 2200J
for(IPHI=1;IPHI<=NPHIP1;IPHI++)//2300
{
        if(IPHI!=IV&&IPHI!=IPC)//2300
        {
                J0 = (IPHI-1)*JDIM;
                for(I=1;I<=NIP1;I++)//2350
                {
                        if(IFORS[I][1]!=0) PHI[I][J0+1]=PHI[I][J0+2];
                }//END 2350
```

```
                }//2300
        }//END 2300
        for(J=2;J<=NJ;J++)//2400
        {
                for(I=2;I<=NIM1;I++)//2400
                {
                        if(IFORS[I][J]==0||IFORS[I+1][J]==0) PHI[I][J+JJU] = ZERO;
                }//2400I
        }//2400J
        for(I=2;I<=NI;I++)//2450
        {
                for(J=2;J<=NJM1;J++)//2450
                {
                        if(IFORS[I][J]==0||IFORS[I][J+1]==0) PHI[I][J+JJV] = ZERO;
                }//2450J
        }//2450I
}

//Subroutine: SUBSOL
void SETDXY(void)// 控制体的尺寸设置
{
        int I,J;
  IEND = NI;
        JEND = NJ;

        for(I=1;I<=IEND;I++)//1100
        {
                DX[I] = DXP[I];
                DELX[I] = DXU[I];
        }//END 1100I
```

```
for(J=1;J<=JEND;J++)//1200
{
		DY[J] = DYP[J];
		DELY[J] = DYV[J];
}//END 1200

for(I=2;I<=IEND;I++)//1700
{
		FACX[I] = 0.5*DX[I]/DELX[I];
}//END 1700

for(J=2;J<=JEND;J++)//1800
{
		FACY[J] = 0.5*DY[J]/DELY[J];
}//END 1800

if(IPHI==IU)//1300
{
		IEND = NIM1;
		for(I=1;I<=IEND;I++)//1400
		{
			FACX[I] = 0.5;
			DX[I] = DXU[I];
			DELX[I] = DXP[I+1];
		}//END 1400
}//1300
if(IPHI==IV)//1500
{
		JEND = NJM1;
```

```
                for(J=1;J<=JEND;J++)//1600
                {
                        FACY[J] = 0.5;
                        DY[J] = DYV[J];
                        DELY[J] = DYP[J+1];
                }//END 1600
        }//1500
}

void SETRXY(void)// 半径方向坐标 r_x, r_n 和 r_s 的设定
{
        int J;
        if(IRAD!=1)//2100
        {
                for(J=1;J<=NJP1;J++)//2200
                {
                        RX[J] = 1.0;
                        RY[J] = 1.0;
                }//END 2200
        }else{//2100
                for(J=1;J<=NJ;J++)//2400
          {
                  RY[J] = Y[J];
                  if(IPHI==IV) RY[J] = YP[J+1];
                  if(J>1) RX[J] = 0.5*(RY[J]+RY[J-1]);
          }//END 2400
        }
}

void SETGAM(void)// 扩散系数 Γ 的设定 ( 调用 GAMAIN)
```

```
{
            int I,J;
            double PRLAM;

    PRLAM = 1.0;
            if(IPHI==IT) PRLAM = PR;
            for(I=1;I<=NIP1;I++)//3200I
            {
                        for(J=1;J<=NJP1;J++)//3200J
                        {
                                    GAM[I][J] = 1.0/RENO/PRLAM;
                        }//END 3200J
            }//END 3200I
            GAMAIN();

}

void SOURCE(void)// 源项的设定 ( 调用 GAMWAL)
{
            int I,J,J0,JJ;
            double debug;
            double TSOL,WSOL,WP,GAMP,GAMN,UP,F,A,DSP,GAME,GAMW,VP,PRLAM,DGAMDR,UPP,VPP;

    BIGNO = 1.E30;
            TSOL = (double)ISOLVE[IT];
            WSOL = (double)ISOLVE[IW];
            if(IPHI==IU)//5100
            {
                        for(I=2;I<=IEND;I++)//4100
                        {
```

```
for(J=2;J<=JEND;J++)//4100
{
        WP = 0.5*(PHI[I][J+JJW]+PHI[I+1][J+JJW]);
        GAMP=0.5*(GAM[I][J]+GAM[I+1][J]);
        SC[I][J] = SC[I][J] +
(GAM[I+1][J]*(PHI[I+1][J+JJU]-PHI[I][J+JJU])/DELX[I]-GAM[I][J]*(PHI[I][J+JJU]-PHI[I-1][J+JJU])/DELX[I-1])*DY[J]*RX[J];
        GAMN = (1.0-FACY[J])*GAMP+0.5*FACY[J]*(GAM[I][J+1]+GAM[I+1][J+1]);
        GAMS = FACY[J-1]*GAMP+0.5*(1.0-FACY[J-1])*(GAM[I][J-1]+GAM[I+1][J-1]);
        SC[I][J] = SC[I][J] +
GAMN*(PHI[I+1][J+JJV]-PHI[I][J+JJV])*RY[J]-GAMS*(PHI[I+1][J-1+JJV]-PHI[I][J-1+JJV])*RY[J-1];
        SC[I][J] = SC[I][J] +
DIRCOS*GRNO/(RENO*RENO)*TSOL*0.5*(PHI[I+1][J+JJT]+PHI[I][J+JJT])*DX[I]*DY[J]*RX[J];

        if(IFORS[I][J]==2)//4110
        {
                if(IFORS[I+1][J]==0)//4040
                {
                        SC[I][J] = BIGNO*PHI[I][J+JJU];
                        SP[I][J] = -BIGNO;
                }//4040
                if(IFORS[I][J+1]==0)//4120
                {
                        if(ITURB==1)//4045
                        {
                                UP =
pow((pow((PHI[I][J+JJU]-PHI[I][J+1+JJU]),2)+(WP-0.5*(PHI[I][J+1+JJW]+PHI[I+1][J+1+JJW]))*(WP-0.5*(PHI[I][J+1+JJW]+PHI[I+1]
[J+1+JJW]))*WSOL),0.5);
                                GAMP = GAMWAL(UP,DY[J],RENO,1.0,IPHI);

                        }//4045
```

```
                AN[I][J] = ZERO;
                F = 0.5*(PHI[I][J+JJV]+PHI[I+1][J+JJV])*DX[I]*RY[J];
                A = -F + GAMP/(0.5*DY[J])*DX[I]*RY[J];
                DSP=-AMAX1(A,-F,0.0);
                SC[I][J] = SC[I][J]-DSP*PHI[I][J+1+JJU];
                SP[I][J]=SP[I][J]+DSP;
            }//4120
            if(IFORS[I][J-1]==0)//4110
            {
                if(ITURB==1)//4125
                {
                    UP =
pow((pow((PHI[I][J+JJU]-PHI[I][J-1+JJU]),2)+pow((WP-0.5*(PHI[I][J-1+JJW]+PHI[I+1][J-1+JJW])),2)*WSOL),0.5);
                    GAMP = GAMWAL(UP,DY[J],RENO,1.0,IPHI);

                }//4125
                AS[I][J] = ZERO;
                F = 0.5*(PHI[I][J-1+JJV]+PHI[I+1][J-1+JJV])*DX[I]*RY[J-1];
                A = F+GAMP/(0.5*DY[J])*DX[I]*RY[J-1];
                DSP = -AMAX1(A,F,0.0);
                SC[I][J] = SC[I][J]-DSP*PHI[I][J-1+JJU];
                SP[I][J] = SP[I][J]+DSP;
            }//4110
        }//4110
        if(IFORS[I][J]==0)//4100
        {
            SC[I][J] = BIGNO*PHI[I][J+JJU];
            SP[I][J] = -BIGNO;
        }//4100
    }//END 4100J
```

```
            }//END 4100I
            return;
        }else if(IPHI==IV)//5200//5100
        {
            for(I=2;I<=IEND;I++)//4200
            {
                for(J=2;J<=JEND;J++)//4200
                {
                    WP = 0.5*(PHI[I][J+JJW]+PHI[I][J+1+JJW]);
                    GAMP = 0.5*(GAM[I][J]+GAM[I][J+1]);
        SC[I][J]=SC[I][J]+(GAM[I][J+1]*RY[J]*(PHI[I][J+1+JJV]-PHI[I][J+JJV])/DELY[J]-GAM[I][J]*RY[J-1]*(PHI[I][J+JJV]-PHI[I][J-1+JJV])/DELY[J-1])*DX[I];
                    GAME = (1.0-FACX[I])*GAMP+0.5*FACX[I]*(GAM[I+1][J]+GAM[I+1][J+1]);
                    GAMW = FACX[I-1]*GAMP+0.5*(1.0-FACX[I-1])*(GAM[I-1][J]+GAM[I-1][J+1]);
                    SC[I][J] = SC[I][J] + (GAME*(PHI[I][J+1+JJU]-PHI[I][J+JJU])-GAMW*(PHI[I-1][J+1+JJU]-PHI[I-1][J+JJU]))*RX[J];
                    if(IRAD==1)//4150
                    {
                        SP[I][J] = SP[I][J] - 2.0*GAMP/RX[J]*DX[I]*DY[J];
                        SC[I][J] = SC[I][J] + 0.25*pow((PHI[I][J+1+JJW]+PHI[I][J+JJW]),2)*DX[I]*DY[J]*WSOL;
                    }//4150
                    SC[I][J] =
      SC[I][J]+pow((1.0-DIRCOS*DIRCOS),0.5)*TSOL*GRNO/(RENO*RENO)*0.5*(PHI[I][J+1+JJT]+PHI[I][J+JJT])*DX[I]*DY[J]*RX[J];
                    if(IFORS[I][J]==2)//4210
                    {
                        if(IFORS[I][J+1]==0)//4140
                        {
                            SC[I][J] = BIGNO*PHI[I][J+JJV];
                            SP[I][J] = -BIGNO;
                        }//4140
```

```
if(IFORS[I+1][J]==0)//4220
{
        if(ITURB==1)//4145
        {
                VP =
pow((pow((PHI[I][J+JJV]-PHI[I+1][J+JJV]),2)+pow((WP-0.5*(PHI[I+1][J+JJW]+PHI[I+1][J+1+JJW])),2)*WSOL),0.5);
                GAMP = GAMWAL(VP,DX[I],RENO,1.0,IPHI);
        }//4145
        AE[I][J] = ZERO;
        F = 0.5*(PHI[I][J+JJU]+PHI[I][J+1+JJU])*DY[J]*RX[J];
        A = -F + GAMP/(0.5*DX[I])*DY[J]*RX[J];
        DSP = -AMAX1(A,-F,0.0);
        SC[I][J] = SC[I][J] - DSP*PHI[I+1][J+JJV];
        SP[I][J] = SP[I][J] + DSP;

}//4220
if(IFORS[I-1][J]==0)//4210
{
        if(ITURB==1)//4225
        {
                VP =
pow((pow((PHI[I][J+JJV]-PHI[I-1][J+JJV]),2)+pow((WP-0.5*(PHI[I-1][J+JJW])+PHI[I-1][J+1+JJW]),2)*WSOL),0.5);
                GAMP = GAMWAL(VP,DX[I],RENO,1.0,IPHI);

        }//4225
        AW[I][J] = ZERO;
        F = 0.5*(PHI[I-1][J+JJU]+PHI[I-1][J+1+JJU])*DY[J]*RX[J];
        A = F + GAMP/(0.5*DX[I])*DY[I]*RX[J];
        DSP = -AMAX1(A,F,0.0);
        SC[I][J]=SC[I][J]-DSP*PHI[I-1][J+JJV];
```

```
                        SP[I][J]=SP[I][J]+DSP;
                    }//4210
                }//4210
                if(IFORS[I][J]==0)//4200
                {
                    SC[I][J] = BIGNO*PHI[I][J+JJV];
                    SP[I][J] = -BIGNO;
                }//4200
            }//END 4200J
        }//END 4200I
}else if(IPHI==IPC)//5300//5200
{
        for(I=2;I<=IEND;I++)//4300
        {
            for(J=2;J<=JEND;J++)//4300
            {
                if(IFORS[I][J]==2)//4300
                {
                    if(IFORS[I+1][J]==0)AE[I][J]=ZERO;
                    if(IFORS[I-1][J]==0)AW[I][J]=ZERO;
                    if(IFORS[I][J+1]==0)AN[I][J]=ZERO;
                    if(IFORS[I][J-1]==0)AS[I][J]=ZERO;
                }//4300
            }//END 4300J
        }//end 4300I

        for(J=2;J<=JEND;J++)//4310
        {
            if(IFORS[1][J]!=0)AW[2][J]=AE[2][J];
            if(IFORS[NIP1][J]!=0)AE[NI][J]=AW[NI][J];
```

```
        }//END 4310

        for(I=2;I<=IEND;I++)//4320
        {
                if(IFORS[I][NJP1]!=0)AN[I][NJ]=AS[I][NJ];
        }//END 4320
        return;
}else{//5300
J0 = (IPHI-1)*JDIM;
PRLAM = 1.0;
if(IPHI==IT)PRLAM = PR;
for(J=2;J<=JEND;J++)//4400
{
        JJ = J0 + J;
        for(I=2;I<=IEND;I++)//4400
        {
                if(IPHI==IW)//4460
                {
                        DGAMDR = (GAM[I][J+1]-GAM[I][J-1])/(YP[J+1]-YP[J-1])+GAM[I][J]/YP[J];
                        DSP = -(0.5*(PHI[I][J+JJV]+PHI[I][J-1+JJV])+DGAMDR)*DX[I]*DY[J];
                        SC[I][J] = SC[I][J]+AMAX1(DSP,0.0,0.0)*PHI[I][J+JJW];
                        SP[I][J] = SP[I][J]-AMAX1(-DSP,0.0,0.0);
                }//4460
                if(IFORS[I][J]==2)//4550
                {
                        GAMP = GAM[I][J];
                        UPP=0.5*(PHI[I][J+JJU]+PHI[I-1][J+JJU]);
                        VPP=0.5*(PHI[I][J+JJV]+PHI[I][J-1+JJV]);

                        if(IFORS[I+1][J]==4430)//4430
```

```
		{
			if(ITURB==1)//4425
			{
				VP =
pow((pow((VPP-0.5*(PHI[I+1][J+JJV]+PHI[I+1][J-1+JJV])),2)+pow((PHI[I][J+JJW]-PHI[I+1][J+JJW]),2)*WSOL),0.5);
				GAMP = GAMWAL(VP,DX[I],RENO,PRLAM,IPHI);
			}//4425
			AE[I][J] = ZERO;
			F = PHI[I][J+JJU]*DY[J]*RX[J];
			A = -F + GAMP/(0.5*DX[I])*DY[J]*RX[J];
			DSP = -AMAX1(A,-F,0.0);
			SC[I][J] = SC[I][J]-DSP*PHI[I+1][JJ];
			SP[I][J] = SP[I][J]+DSP;
		}//4430
		if(IFORS[I-1][J]==0)//4450
		{
			if(ITURB==1)//4435
			{
				VP =
pow((pow((VPP-0.5*(PHI[I-1][J+JJV]+PHI[I-1][J-1+JJV])),2)+pow((PHI[I][J+JJW]-PHI[I-1][J+JJW]),2)*WSOL),0.5);
				GAMP = GAMWAL(VP,DX[I],RENO,PRLAM,IPHI);
			}//4435
			AW[I][J] = ZERO;
			F = PHI[I-1][J+JJU]*DY[J]*RX[J];
			A = F+GAMP/(0.5*DX[I])*DY[J]*RX[J];
			DSP = -AMAX1(A,F,0.0);
			SC[I][J] = SC[I][J]-DSP*PHI[I-1][JJ];
			SP[I][J] = SP[I][J] +DSP;
		}//4450
		if(IFORS[I][J+1]==0)//4530
```

```
{
        if(ITURB==1)//4455
        {
                UP =
pow((pow((UPP-0.5*(PHI[I][J+1+JJU]+PHI[I-1][J+1+JJU])),2)+pow((PHI[I][J+JJW]-PHI[I][J+1+JJW]),2)*WSOL),0.5);
                GAMP = GAMWAL(UP,DY[I],RENO,PRLAM,IPHI);
        }//4455
        AN[I][J] = ZERO;
        F = PHI[I][J+JJV]*DX[I]*RY[J];
        A=-F+GAMP/(0.5*DY[J])*DX[I]*RY[J];
        DSP = -AMAX1(A,-F,0.0);
        SC[I][J] = SC[I][J]-DSP*PHI[I][JJ+1];
        SP[I][J] = SP[I][J] + DSP;
}//4530
if(IFORS[I][J-1]==0)//4550
{
        if(ITURB==1)//4535
        {
                UP =
pow((pow((UPP-0.5*(PHI[I][J-1+JJU]+PHI[I-1][J-1+JJU])),2)+pow((PHI[I][J+JJW]-PHI[I][J-1+JJW]),2)*WSOL),0.5);
                GAMP = GAMWAL(UP,DY[J],RENO,PRLAM,IPHI);
        }//4535
        AS[I][J]=ZERO;
        F=PHI[I][J-1+JJV]*DX[I]*RY[J-1];
        A=F+GAMP/(0.5*DY[J])*DX[I]*RY[J-1];
        DSP = -AMAX1(A,F,0.0);
        SC[I][J]=SC[I][J]-DSP*PHI[I][JJ-1];
        SP[I][J]=SP[I][J]+DSP;
}//4550
}//4550
```

```
                    if(IFORS[I][J]==0)//4400
                    {
                              SC[I][J] = BIGNO*PHI[I][JJ];
                              SP[I][J] = -BIGNO;
                    }//4400
               }//END 4400I
     }//END 4400J
     }
}

void SOLMAT(void)// 通过 TDMA (TriDiagonal-Matrix Algorithm) 求解矩阵
{
     int I,J,J0,JJ;
     int IDIR,JDIR,NRELAX,IRELAX,II,JJJ;
     double DVDT;

  IENDM1 = IEND-1;
     JENDM1 = JEND-1;
     J0 = (IPHI-1)*JDIM;
     for(J=2;J<=JEND;J++)//6100
     {
               JJ = J0 + J;
               for(I=2;I<=IEND;I++)//6100
               {
                    AP[I][J] = AE[I][J]+AW[I][J]+AN[I][J]+AS[I][J]-SP[I][J];
                    if(IPHI!=IPC&&NTIMST!=1)//7000
                    {
                              DVDT = DX[I]*DY[J]*RX[J]/DTIME;
                              AP[I][J] = AP[I][J]+DVDT;
                              SC[I][J] = SC[I][J]+DVDT*PHIOLD[I][JJ];
```

```
                }//7000
                AP[I][J] = AP[I][J]/ALPHA[IPHI];
                SC[I][J] = SC[I][J]+(1.0-ALPHA[IPHI])*AP[I][J]*PHI[I][JJ];
                if(IPHI==IU)SDX[I][J]=DY[J]*RX[J]/AP[I][J];
                if(IPHI==IV)SDY[I][J]=DX[I]*RX[J]/AP[I][J];
            }//END 6100I
}//END 6100J

IDIR = ITERT%2;
JDIR = (ITERT+IDIR)/2;
JDIR= JDIR%2;
NRELAX=1;

if(IPHI==IPC)NRELAX=3;
for(IRELAX=1;IRELAX<=NRELAX;IRELAX++)//6200
{
            if(IDIR!=0)//6300
            {
                for(I=2;I<=IEND;I++)//6500
                {
                    II = I;
                    if(JDIR==0)II=IEND-I+2;
                    for(J=2;J<=JEND;J++)//6600
                    {
                        JJ = J0 + J;
                        BI[J-1]=AN[II][J];
                        CI[J-1]=AS[II][J];
                        DI[J-1]=SC[II][J]+AE[II][J]*PHI[II+1][JJ]+AW[II][J]*PHI[II-1][JJ];
                        AI[J-1]=AP[II][J];
                    }//END 6600
```

```
                DI[1]=DI[1]+AS[II][2]*PHI[II][J0+1];
                DI[JENDM1]=DI[JENDM1]+AN[II][JEND]*PHI[II][J0+JEND+1];
                THOMASJ();
                for(J=2;J<=JEND;J++)//6500
                {
                    PHI[II][J0+J]=DI[J-1];
                }//6500J
            }//6500I
        }//6300
            for(J=2;J<=JEND;J++)//7500
            {
                JJ=J;
                if(JDIR==0)JJ=JEND-J+2;
                JJJ=J0+JJ;
                for(I=2;I<=IEND;I++)//7600
                {
                    BI[I-1]=AE[I][JJ];
                    CI[I-1]=AW[I][JJ];
                    DI[I-1]=SC[I][JJ]+AN[I][JJ]*PHI[I][JJJ+1]+AS[I][JJ]*PHI[I][JJJ-1];
                    AI[I-1]=AP[I][JJ];
                }//7600
                DI[1]=DI[1]+AW[2][JJ]*PHI[1][JJJ];
                DI[IENDM1]=DI[IENDM1]+AE[IEND][JJ]*PHI[IEND+1][JJJ];
                THOMASI();
                for(I=2;I<=IEND;I++)//7500
                {
                    PHI[I][JJJ]=DI[I-1];
                }//7500I
            }//7500J
```

```
while(IDIR==0)
{
        for(I=2;I<=IEND;I++)//6500
        {
                II = I;
          if(JDIR==0)II=IEND-I+2;
          for(J=2;J<=JEND;J++)//6600
        {
                JJ = J0 + J;
                BI[J-1]=AN[II][J];
                CI[J-1]=AS[II][J];
                DI[J-1]=SC[II][J]+AE[II][J]*PHI[II+1][JJ]+AW[II][J]*PHI[II-1][JJ];
                AI[J-1]=AP[II][J];
        }//END 6600
        DI[1]=DI[1]+AS[II][2]*PHI[II][J0+1];
        DI[JENDM1]=DI[JENDM1]+AN[II][JEND]*PHI[II][J0+JEND+1];
        THOMASJ();
        for(J=2;J<=JEND;J++)//6500
        {
                PHI[II][J0+J]=DI[J-1];
        }//6500J
  }//6500I
if(IDIR!=0)//6200
{
        for(J=2;J<=JEND;J++)//7500
        {
                JJ=J;
                if(JDIR==0)JJ=JEND-J+2;
                JJJ=J0+JJ;
                for(I=2;I<=IEND;I++)//7600
```

```
                        {
                        BI[I-1]=AE[I][JJ];
                            CI[I-1]=AW[I][JJ];
                          DI[I-1]=SC[I][JJ]+AN[I][JJ]*PHI[I][JJJ+1]+AS[I][JJ]*PHI[I][JJJ-1];
                            AI[I-1]=AP[I][JJ];
                          }//7600
                          DI[1]=DI[1]+AW[2][JJ]*PHI[1][JJJ];
                          DI[IENDM1]=DI[IENDM1]+AE[IEND][JJ]*PHI[IEND+1][JJJ];
                          THOMASI();
                          for(I=2;I<=IEND;I++)//7500
                          {
                              PHI[I][JJJ]=DI[I-1];
                          }//7500I
                      }//7500J
                  }else{
                          break;
                      }//6200
                }//IDIR
    }//END 6200
}

//Subroutine: THOMAS
void THOMASI(void)
{
    int I;
    int NM1,IM1,NMI;
    double DN;

    NM1 = IENDM1 -1;
    BI[1] = BI[1]/AI[1];
```

```
        DI[1] = DI[1]/AI[1];
        for(I=2;I<=IENDM1;I++)//10
        {
                IM1=I-1;
                DN=AI[I]-CI[I]*BI[IM1];
                if(DN==0.0)printf(" ********** ZERO DETERMINANT, DN=%10.3f",DN);
                BI[I] = BI[I]/DN;
                DI[I]=(DI[I]+CI[I]*DI[IM1])/DN;
        }//END 10
        for(I=1;I<=NM1;I++)//20
        {
                NMI = IENDM1-I;
                DI[NMI]=BI[NMI]*DI[NMI+1]+DI[NMI];
        }//END 20
}

//Subroutine: THOMAS
void THOMASJ(void)
{
        int I;
        int NM1,IM1,NMI;
        double DN;

        NM1 = JENDM1 -1;
        BI[1] = BI[1]/AI[1];
        DI[1] = DI[1]/AI[1];
        for(I=2;I<=JENDM1;I++)//10
        {
                IM1=I-1;
                DN=AI[I]-CI[I]*BI[IM1];
```

```
		if(DN==0.0)printf(" ********** ZERO DETERMINANT, DN=%10.3f",DN);
		BI[I] = BI[I]/DN;
		DI[I]=(DI[I]+CI[I]*DI[IM1])/DN;
	}//END 10
	for(I=1;I<=NM1;I++)//20
	{
		NMI = JENDM1-I;
		DI[NMI]=BI[NMI]*DI[NMI+1]+DI[NMI];
	}//END 20
}

double GAMWAL(double UPp,doubleDYy,doubleRENOo,doublePRLAMm,intIPHIi)// 根据近壁函数计算 Γwall
{
	double AK,B,GAMWAL_var,U,YWALL,RE,C0,PRTUR,C,UTAU;

	AK = 0.41;
	B = 5.0;

	GAMWAL_var = 1.0/RENOo/PRLAMm;
	U=fabs(UPp);
	YWALL = 0.5*DYy;
	RE = U*YWALL*RENOo;

	if(RE>=117.0)//100
	{
		C0 = log(RE)/AK+B;
		C = C0*(1.0-log(C0)/(1.0+AK*C0));
		UTAU = U/C/(1.0-(AK*(C-C0)+log(C))/(1.0+AK*C));
		PRTUR = 1.0;
		if(IPHIi==4)PRTUR = 0.9;
```

```
			GAMWAL_var = UTAU*UTAU/U*YWALL/PRTUR;
			if(IPHIi==4)//100
			{
				GAMWAL_var = GAMWAL_var/(1.0+UTAU/U*9.24*(pow((PRLAMm/PRTUR),0.75)-1.0));
			}//100
		}//100
		return GAMWAL_var;
}

void DATABLOCK(void)// 网格线及各种参数的输入
{
// 第 1 段
		NTIMST = 10;// 时间的行进次数
		NITERT = 30;// 迭代次数
		DTIME = 0.1;// 时间步长
		RENO = 100.0;// 雷诺数
		GRNO = 0.0;// 格拉晓夫数
		DIRCOS = 0.0;// 重力方向的余弦
		PR = 1.0;// 普朗特数
		ITURB = 0;// 湍流指定参数
		IRAD = 0;// 轴对称坐标指定参数
// 第 2 段
		NI = 11;// 标量控制体网格的纵线数量
		NJ = 11;// 标量控制体网格的横线数量
		ISCAN = 6;// 时常输出各速度成分的监视点的编号
		JSCAN = 11;// 时常输出各压力的监视点的编号
		IREF = 2; // 压力基准的地点
		JREF = 2;// 压力基准的地点
		INTPRI = 2;
		ICNTDF = 0;
```

```
        IREAD = 0;
        NLUMP = 4;
    //第 3 段
        LUMPW[1] = 1;
        LUMPE[1] = 1;
        LUMPS[1] = 1;
        LUMPN[1] = 12;
        LUMPW[2] = 1;
        LUMPE[2] = 12;
        LUMPS[2] = 12;
        LUMPN[2] = 12;
        LUMPW[3] = 12;
        LUMPE[3] = 12;
        LUMPS[3] = 1;
        LUMPN[3] = 12;
        LUMPW[4] = 1;
        LUMPE[4] = 12;
        LUMPS[4] = 1;
        LUMPN[4] = 1;
    //第 4 段
        X[1] = 0.0;
        X[2] = 0.1;
        X[3] = 0.2;
        X[4] = 0.3;
        X[5] = 0.4;
        X[6] = 0.5;
        X[7] = 0.6;
        X[8] = 0.7;
        X[9] = 0.8;
        X[10] = 0.9;
```

```
        X[11] = 1.0;
        Y[1] = 0.0;
        Y[2] = 0.1;
        Y[3] = 0.2;
        Y[4] = 0.3;
        Y[5] = 0.4;
        Y[6] = 0.5;
        Y[7] = 0.6;
        Y[8] = 0.7;
        Y[9] = 0.8;
        Y[10] = 0.9;
        Y[11] = 1.0;
// 第 5 段
        ISOLVE[1] = 1;
        ISOLVE[2] = 1;
        ISOLVE[3] = 1;
        ISOLVE[4] = 1;
        ISOLVE[5] = 0;
        IPRINT[1] = 1;
        IPRINT[2] = 1;
        IPRINT[3] = 0;
        IPRINT[4] = 1;
        IPRINT[5] = 0;
        IPRINT[6] = 1;
// 第 6 段
        ALPHA[1] = 0.3;
        ALPHA[2] = 0.3;
        ALPHA[3] = 1.0;
        ALPHA[4] = 0.5;
        ALPHA[5] = 0.5;
```

```
        ALPHA[6] = 0.2;
//第 7 段
        NPHI = 5;
        IU = 1;
        IV = 2;
        IPC = 3;
        IT = 4;
        IW = 5;
        IP = 6;
        JDIM = 40;
}

//Subroutine: USERIN
void DATAIN(void)
{
        int I, J;
        for (I = 1; I <= NI; I++)
        {
                PHI[I][NJP1 + JJU] = 1.0;
        }
        for (I = 1; I <= NIP1; I++)
        {
                PHI[I][NJP1 + JJT] = 1.0;
        }
        for (J = 2; J <= NJ; J++)
        {
                PHI[1][J + JJT] = PHI[2][J + JJT];
                PHI[NIP1][J + JJT] = PHI[NI][J + JJT];
        }
```

```
}

void GAMAIN(void)
{
    return;
}

double AMAX1(double max1,double max2,double max3)
{
    if(max1>=max2)
    {
        if(max1>=max3)
        {
            return max1;
        }else{
            return max3;
        }
    }else{
        if(max2>=max3)
        {
            return max2;
        }else{
            return max3;
        }
    }
}

int MIN0(int min1,int min2)
{
        if(min1<=min2)
```

```
		{
				return min1;
		}else{
				return min2;
		}
}

void output_steady(void)
{
		int i,j;
		char FILE_tecplot[25]="output_tecplot";
		char stepNum[6];
		FILE *fp_tecplot;


		sprintf(stepNum,"%d",ITERT);
		strcat(FILE_tecplot,stepNum);
		strcat(FILE_tecplot,".txt");

		fp_tecplot=fopen(FILE_tecplot,"a+");
		fprintf(fp_tecplot,"Variables=\"x\" \"y\" \"t\" \"p\" \"vx\" \"vy\" \"vw\" \n");
		fprintf(fp_tecplot,"Zone i=%3d j=%3d \n",NI,NJ);
		for(j=1;j<=NJ;j++)
		{
				for(i=1;i<=NI;i++)
				{
		fprintf(fp_tecplot,"%3d  %3d  %5.5f %5.5f %5.5f %5.5f %5.5f\n",i,j,PHI[i][j+120],PHI[i][j+200],PHI[i][j],PHI[i][j+40],PHI[i][j+160]);
				}
		}
		fclose(fp_tecplot);
```

```
}

void output_unsteady(void)
{
        int i,j;
        char FILE_tecplot[25]="output_tecplot";
        char stepNum[6];
        FILE *fp_tecplot;


        sprintf(stepNum,"%d",ITIMST);
        strcat(FILE_tecplot,stepNum);
        strcat(FILE_tecplot,".txt");

        fp_tecplot=fopen(FILE_tecplot,"a+");
        fprintf(fp_tecplot,"Variables=\"x\" \"y\" \"t\" \"p\" \"vx\" \"vy\" \"vw\" \n");
        fprintf(fp_tecplot,"Zone i=%3d j=%3d \n",NI,NJ);
        for(j=1;j<=NJ;j++)
        {
                for(i=1;i<=NI;i++)
                {

        fprintf(fp_tecplot,"%3d  %3d  %5.5f %5.5f %5.5f %5.5f %5.5f\n",i,j,PHI[i][j+120],PHI[i][j+200],PHI[i][j],PHI[i][j+40],PHI[i][j+160]);
                }
        }
        fclose(fp_tecplot);
}

void output_matrix_unsteady(void)
{
```

```
int i,j,jj;
char FILE_tecplot[25]="output_matrix";
char stepNum[6];
FILE *fp_tecplot;


sprintf(stepNum,"%d",ITIMST);
strcat(FILE_tecplot,stepNum);
strcat(FILE_tecplot,".txt");

fp_tecplot=fopen(FILE_tecplot,"a+");
fprintf(fp_tecplot,"Variables=\"t\"\n");

for(j=1;j<=NJ;j++)
{
        jj = NJ-j+1;
        for(i=1;i<=NI;i++)
        {
                fprintf(fp_tecplot,"%5.5f  ",PHI[i][jj+120]);
        }
        fprintf(fp_tecplot,"\n");
}

fprintf(fp_tecplot,"Variables=\"p\"\n");

for(j=1;j<=NJ;j++)
{
        jj = NJ-j+1;
        for(i=1;i<=NI;i++)
        {
                fprintf(fp_tecplot,"%5.5f  ",PHI[i][jj+200]);
```

```
                }
                fprintf(fp_tecplot,"\n");
        }

        fprintf(fp_tecplot,"Variables=\"V_vector\"\n");

        for(j=1;j<=NJ;j++)
        {
                jj = NJ-j+1;
                for(i=1;i<=NI;i++)
                {
                        fprintf(fp_tecplot,"%3d(%5.5f,%5.5f,%5.5f)  ",i,PHI[i][jj],PHI[i][jj+40],PHI[i][jj+160]);
                }
                fprintf(fp_tecplot,"\n");
        }

        fprintf(fp_tecplot,"Variables=\"IFORS\"\n");

        for(j=1;j<=NJP1;j++)//1000
        {
                jj = NJP1-j+1;
                printf("  %2d",jj);
                for(i=1;i<=NIP1;i++)
            {
                fprintf(fp_tecplot,"  %2d",IFORS[i][jj]);
            }
                fprintf(fp_tecplot,"\n");
        }
        fclose(fp_tecplot);
}
```

```
void output_matrix_steady(void)
{
        int i,j,jj;
        char FILE_tecplot[25]="output_matrix";
        char stepNum[6];
        FILE *fp_tecplot;


        sprintf(stepNum,"%d",ITERT);
        strcat(FILE_tecplot,stepNum);
        strcat(FILE_tecplot,".txt");

        fp_tecplot=fopen(FILE_tecplot,"a+");
        fprintf(fp_tecplot,"Variables=\"t\"\n");

        for(j=1;j<=NJ;j++)
        {
                jj = NJ-j+1;
                for(i=1;i<=NI;i++)
                {
                        fprintf(fp_tecplot,"%5.5f  ",PHI[i][jj+120]);
                }
                fprintf(fp_tecplot,"\n");
        }

        fprintf(fp_tecplot,"Variables=\"p\"\n");

        for(j=1;j<=NJ;j++)
        {
```

```
		jj = NJ-j+1;
		for(i=1;i<=NI;i++)
		{
			fprintf(fp_tecplot,"%5.5f  ",PHI[i][jj+200]);
		}
		fprintf(fp_tecplot,"\n");
}

fprintf(fp_tecplot,"Variables=\"V_vector\"\n");

for(j=1;j<=NJ;j++)
{
		jj = NJ-j+1;
		for(i=1;i<=NI;i++)
		{
			fprintf(fp_tecplot,"%3d(%5.5f,%5.5f,%5.5f)  ",i,PHI[i][jj],PHI[i][jj+40],PHI[i][jj+160]);
		}
		fprintf(fp_tecplot,"\n");
}

fprintf(fp_tecplot,"Variables=\"IFORS\"\n");

for(j=1;j<=NJP1;j++)//1000
{
		jj = NJP1-j+1;
		//printf("  %2d",jj);
		for(i=1;i<=NIP1;i++)
	{
		fprintf(fp_tecplot,"  %2d",IFORS[i][jj]);
	}
```

```
                    fprintf(fp_tecplot,"\n");
        }
        fclose(fp_tecplot);
}
```

附录 D 第 7 章各例题程序设定

例题 1

```
void DATABLOCK(void)//I 是 x 方向的地址 /J 是 y 方向的地址  // 根据实际参数改写
{
    NTIMST = 10;// 每次执行的时间进行次数 (Number of time steps)。
    NITERT = 30;// 迭代次数
DTIME = 0.1;// Δt, 时间刻度。时间步长
RENO = 100.0;//Re=u_refL_ref/ν_0，雷诺数 (Reynolds number)。
    GRNO = 0.0;// 格拉晓夫数
    DIRCOS = 0.0;//C_x 重力矢量的方向余弦 (Directional cosine)
    PR = 1.0;//Pr，层流平板数。
ITURB = 0;// 指定湍流 (1) 还是层流 (0)(Is it turbulent ?)。
IRAD = 0;// 指定轴对称问题 (1) 还是 (0) 否 (Radial)。

    NI = 11;// 区分标量控制容积的纵向网格线数
    NJ = 11;// 区分标量控制容积的横向网格线数
    ISCAN = 6;// 监控点的 x 方向地址
    JSCAN = 11;// 监控点的 y 方向地址
    IREF = 2; // 基准压力地点的 x 方向的序号
    JREF = 2;// 基准压力地点的 y 方向的序号
INTPRI = 2;// 输出间隔 (Interval for printing)。
    ICNTDF = 0;// 对流项的中心差分指定整数值。
```

```
IREAD = 0;// 指定是读取已知的结果 (1) 还是不读取 (0)

NLUMP = 4;// 区分速度已知领域灯数、K 为灯的号码，划分速度已知区域

LUMPW[1] = 1;// 第一个区域四个方向的格子线编号
LUMPE[1] = 1;
LUMPS[1] = 1;
LUMPN[1] = 12;

LUMPW[2] = 1; // 第二个区域四个方向的格子线编号
LUMPE[2] = 12;
LUMPS[2] = 12;
LUMPN[2] = 12;

LUMPW[3] = 12; // 第三个区域四个方向的格子线编号
LUMPE[3] = 12;
LUMPS[3] = 1;
LUMPN[3] = 12;

LUMPW[4] = 1; // 第四个区域四个方向的格子线编号
LUMPE[4] = 12;
LUMPS[4] = 1;
LUMPN[4] = 1;

X[1] = 0.0;
X[2] = 0.1;
X[3] = 0.2;
X[4] = 0.3;
X[5] = 0.4;
X[6] = 0.5;
```

```
    X[7] = 0.6;
    X[8] = 0.7;
    X[9] = 0.8;
    X[10] = 0.9;
    X[11] = 1.0;
    Y[1] = 0.0;
    Y[2] = 0.1;
    Y[3] = 0.2;
    Y[4] = 0.3;
    Y[5] = 0.4;
    Y[6] = 0.5;
    Y[7] = 0.6;
    Y[8] = 0.7;
    Y[9] = 0.8;
    Y[10] = 0.9;
    Y[11] = 1.0;

ISOLVE[1] = 1;// 求解 u 方程
ISOLVE[2] = 1;// 求解 v 方程
ISOLVE[3] = 1;// 求解 p' 方程
ISOLVE[4] = 1; // 求解 T 方程
ISOLVE[5] = 0;// 不求解 w 方程

IPRINT[1] = 1;// 指定是（1）否（0）输出
IPRINT[2] = 1;
IPRINT[3] = 0;
IPRINT[4] = 1;
IPRINT[5] = 0;
IPRINT[6] = 1;
```

```
    ALPHA[1] = 0.3; //α，缓和系数。
    ALPHA[2] = 0.3;
    ALPHA[3] = 1.0;
    ALPHA[4] = 0.5;
    ALPHA[5] = 0.5;
    ALPHA[6] = 0.2;

    NPHI = 4;// 4，关注的控制方程式的数量 (Number of PHIs)。
    IU = 1; // 1, u 速度分量的 IPHI 值。
    IV = 2;//2, v 速度分量的 IPHI 值。
    IPC = 3;//3，压力校正值的 IPHI 值。
    IT = 4;//4，温度的 IPHI 值。
    IW = 5;//5, w 速度分量的 IPHI 值。
    IP = 6;//6，压力的 IPHI 值。
    JDIM = 11;//11，二维数组的 J 方向最大尺寸
}

void DATAIN(void)
{
    int I, J;
    for (I = 1; I <= NI; I++)
    {
        PHI[I][NJP1 + JJU] = 1.0;
    }
    for (I = 1; I <= NIP1; I++)
    {
        PHI[I][NJP1 + JJT] = 1.0;
    }
    for (J = 2; J <= NJ; J++)
    {
```

```
            PHI[1][J + JJT] = PHI[2][J + JJT];
            PHI[NIP1][J + JJT] = PHI[NI][J + JJT];
    }

}
```

例题 2

```
void DATABLOCK(void)//I 是 x 方向的地址 /J 是 y 方向的地址  // 根据实际参数改写
{
    NTIMST = 1;// 每次执行的时间进行次数 (Number of time steps)。
    NITERT = 300;// 迭代次数
DTIME = 0.1;// Δt, 时间刻度。时间步长
RENO = 1000.0;//Re=u_refL_ref/v_0，雷诺数 (Reynolds number)。
    GRNO = 0.0;// 格拉晓夫数
    DIRCOS = 0.0;//C_x 重力矢量的方向余弦 (Directional cosine)
    PR = 1.0;//Pr，层流平板数。
ITURB = 0;// 指定湍流 (1) 还是层流 (0)(Is it turbulent ?)。
    IRAD = 1;// 指定轴对称问题 (1) 还是 (0) 否 (Radial)。

    NI = 25;// 区分标量控制容积的纵向网格线数
    NJ = 11;// 区分标量控制容积的横向网格线数
    ISCAN = 5;// 监控点的 x 方向地址
    JSCAN = 5;// 监控点的 y 方向地址
    IREF = 2; // 基准压力地点的 x 方向的序号
    JREF = 2;// 基准压力地点的 y 方向的序号
INTPRI = 100;// 输出间隔 (Interval for printing)。
    ICNTDF = 0;// 对流项的中心差分指定整数值。
    IREAD = 0;// 指定是读取已知的结果 (1) 还是不读取 (0)

    NLUMP = 2;// 区分速度已知领域灯数、K 为灯的号码，划分速度已知区域
```

```
LUMPW[1] = 1;// 第一个区域四个方向的格子线编号
LUMPE[1] = 1;
LUMPS[1] = 1;
LUMPN[1] = 12;

LUMPW[2] = 1; // 第二个区域四个方向的格子线编号
LUMPE[2] = 26;
LUMPS[2] = 12;
LUMPN[2] = 12;

X[1] = 0.0;
X[2] = 1.0;
X[3] = 2.0;
X[4] = 3.5;
X[5] = 5.0;
X[6] = 7.5;
X[7] = 11.0;
X[8] = 15.0;
X[9] = 20.0;
X[10] = 28.0;
X[11] = 36.0;
X[12] = 44.0;
X[13] = 48.0;
X[14] = 50.0;
X[15] = 51.0;
X[16] = 52.0;
X[17] = 53.5;
X[18] = 55.0;
X[19] = 57.5;
```

```
  X[20] = 61.0;
  X[21] = 65.0;
  X[22] = 70.0;
  X[23] = 78.0;
  X[24] = 90.0;
  X[25] = 100.0;

  Y[1] = 0.0;
  Y[2] = 0.05;
  Y[3] = 0.1;
  Y[4] = 0.15;
  Y[5] = 0.2;
  Y[6] = 0.25;
  Y[7] = 0.3;
  Y[8] = 0.35;
  Y[9] = 0.4;
  Y[10] = 0.45;
  Y[11] = 0.5;

ISOLVE[1] = 1;// 求解 u 方程
ISOLVE[2] = 1;// 求解 v 方程
ISOLVE[3] = 1;// 求解 p' 方程
ISOLVE[4] = 1; // 求解 T 方程
ISOLVE[5] = 1;// 不求解 w 方程

IPRINT[1] = 1;// 指定是（1）否（0）输出
IPRINT[2] = 1;
IPRINT[3] = 0;
IPRINT[4] = 1;
IPRINT[5] = 1;
```

```
    IPRINT[6] = 1;

    ALPHA[1] = 0.3; //α，缓和系数。
    ALPHA[2] = 0.3;
    ALPHA[3] = 1.0;
    ALPHA[4] = 0.5;
    ALPHA[5] = 0.5;
    ALPHA[6] = 0.2;

    NPHI = 5;// 5，关注的控制方程式的数量 (Number of PHIs)。
    IU = 1; // 1, u 速度分量的 IPHI 值。
    IV = 2;//2, v 速度分量的 IPHI 值。
    IPC = 3;//3，压力校正值的 IPHI 值。
    IT = 4;//4，温度的 IPHI 值。
    IW = 5;//5, w 速度分量的 IPHI 值。
    IP = 6;//6，压力的 IPHI 值。
    JDIM = 11;//11，二维数组的 J 方向最大尺寸
}

void DATAIN(void)
{
    int I, J;
    for (J = 1; I <= NJ; J++)
    {
        PHI[1][j + JJU] = 1.0;
    }
    for (I = 15; I <= NIP1; I++)
    {
        PHI[I][NJP1 + JJT] = 1.0;
    }
```

```
    WW=0.0
    for (I = 1; I<= NIP1; I++)
    {
        PHI[I][NJP1 + JJW] = WW;
    }

}
```

例题 3

```
void DATABLOCK(void)//I 是 x 方向的地址 /J 是 y 方向的地址   // 根据实际参数改写
{
    NTIMST = 96;// 每次执行的时间进行次数 (Number of time steps)。
    NITERT = 70;// 迭代次数
DTIME = 0.04167;// Δt, 时间刻度。时间步长
RENO = 1.0;//Re=u_refL_ref/v_0，雷诺数 (Reynolds number)。
    GRNO = 0.0;// 格拉晓夫数
    DIRCOS = 0.0;//C_x 重力矢量的方向余弦 (Directional cosine)
PR = 100;//Pr，层流平板数。
ITURB = 0;// 指定湍流 (1) 还是层流 (0)(Is it turbulent ?)。
IRAD = 0;// 指定轴对称问题 (1) 还是 (0) 否 (Radial)。

    NI = 11;// 区分标量控制容积的纵向网格线数
    NJ = 20;// 区分标量控制容积的横向网格线数
    ISCAN = 5;// 监控点的 x 方向地址
    JSCAN = 5;// 监控点的 y 方向地址
    IREF = 5; // 基准压力地点的 x 方向的序号
    JREF = 20;// 基准压力地点的 y 方向的序号
INTPRI = 3;// 输出间隔 (Interval for printing)。
    ICNTDF = 0;// 对流项的中心差分指定整数值。
    IREAD = 0;// 指定是读取已知的结果 (1) 还是不读取 (0)
```

```
NLUMP = 1;// 区分速度已知领域灯数、K 为灯的号码，划分速度已知区域

LUMPW[1] = 1;// 第一个区域四个方向的格子线编号
LUMPE[1] = 12;
LUMPS[1] = 1;
LUMPN[1] = 1;

Y[20] = 0.0;// 区分标量网格纵网格线坐标
Y[19] = 0.05;
Y[18] = -0.1;
Y[17] = -0.2;
Y[16] = -0.3;
Y[15] = -0.45;
Y[14] = -0.6;
Y[13] = -0.75;
Y[12] = -0.9;
Y[11] = -1.1;
Y[10] = -1.3;
Y[9] = -1.7;
Y[8] = -3.0;
Y[7] = -4.0;
Y[6] = -5.0;
Y[5] = -6.0;
Y[4] = -7.0;
Y[3] = -8.0;
Y[2] = -9.0;
Y[1] = -10.0;

X[1] = -1.0;// 区分标量网格横网格线坐标
```

```
X[2] = -0.8;
X[3] = -0.6;
X[4] = -0.4;
X[5] = -0.2;
X[6] = 0.0;
X[7] = 0.2;
X[8] = 0.4;
X[9] = 0.6;
X[10] = 0.8;
X[11] = 1.0;

ISOLVE[1] = 1;// 指定是（1）否（0）解这个方程
ISOLVE[2] = 1;
ISOLVE[3] = 1;
ISOLVE[4] = 0;
ISOLVE[5] = 0;

IPRINT[1] = 1;// 指定是（1）否（0）输出
IPRINT[2] = 1;
IPRINT[3] = 0;
IPRINT[4] = 0;
IPRINT[5] = 0;
IPRINT[6] = 0;

ALPHA[1] = 0.5; //α，缓和系数。
ALPHA[2] = 0.5;
ALPHA[3] = 0.3;
ALPHA[4] = 0.5;
ALPHA[5] = 0.5;
ALPHA[6] = 0.2;
```

```
    NPHI = 3;// 5，关注的控制方程式的数量 (Number of PHIs)。
    IU = 1; // 1, u 速度分量的 IPHI 值。
    IV = 2;//2, v 速度分量的 IPHI 值。
    IPC = 3;//3，压力校正值的 IPHI 值。
    IT = 4;//4，温度的 IPHI 值。
    IW = 5;//5, w 速度分量的 IPHI 值。
    IP = 6;//6，压力的 IPHI 值。
    JDIM = 20;//20，二维数组的 J 方向最大尺寸
}

void DATAIN(void)// 根据实际边界条件改写
{
            int I,UW;
    UW=cos(6.2832*TIME);// 在边界上 U 速度值计算
for(I=1;I<=NIP1;I++)
    {
            PHI[I][NJ+JJU] = UW;// 在边界上 U 速度设置
    }
}
```

例题 4

```
void DATABLOCK(void)//I 是 x 方向的地址 /J 是 y 方向的地址  // 根据实际参数改写
{
    NTIMST = 7;// 每次执行的时间进行次数 (Number of time steps)。
    NITERT = 30;// 迭代次数
DTIME = 0.5;// Δt, 时间刻度。时间步长
RENO = 100;//Re=u_refL_ref/v_0，雷诺数 (Reynolds number)。
    GRNO = 0;// 格拉晓夫数
```

```
    DIRCOS = 0.0;//C_x 重力矢量的方向余弦 (Directional cosine)
    PR = 1.0;//Pr，层流平板数。
ITURB = 0;// 指定湍流 (1) 还是层流 (0)(Is it turbulent ?)。
IRAD = 0;// 指定轴对称问题 (1) 还是 (0) 否 (Radial)。

    NI = 36;// 区分标量控制容积的纵向网格线数
    NJ = 31;// 区分标量控制容积的横向网格线数
    ISCAN = 34;// 监控点的 x 方向地址
    JSCAN = 15;// 监控点的 y 方向地址
    IREF = 2; // 基准压力地点的 x 方向的序号
    JREF = 2;// 基准压力地点的 y 方向的序号
INTPRI = 1;// 输出间隔 (Interval for printing)。
    ICNTDF = 0;// 对流项的中心差分指定整数值。
    IREAD = 0;// 指定是读取已知的结果 (1) 还是不读取 (0)

    NLUMP = 1;// 区分速度已知领域灯数、K 为灯的号码，划分速度已知区域

    LUMPW[1] = 11;// 第一个区域四个方向的格子线编号
    LUMPE[1] = 21;
    LUMPS[1] = 6;
    LUMPN[1] = 26;

    Y[1] = 0.0;// 区分标量网格纵网格线坐标
    Y[2] =2.0;
    Y[3] =3.0;
    Y[4] =4.0;
    Y[5] =5.0;
    Y[6] =6.0;
    Y[7] =6.1;
    Y[8] =6.2;
    Y[9] =6.3;
```

```
Y[10] =6.4;
Y[11] =6.5;
Y[12] =6.6;
Y[13] =6.7;
Y[14] =6.8;
Y[15] =6.9;
Y[16] =7.0;
Y[17] =7.1;
Y[18] =7.2;
Y[19] =7.3;
Y[20] =7.4;
Y[21] =7.5;
Y[22] =7.6;
Y[23] =7.7;
Y[24] =7.8;
Y[25] =7.9;
Y[26] =8.0;
Y[27] =9.0;
Y[28] =10.0;
Y[29] =11.0;
Y[30] =12.0;
Y[31] =14.0;

X[1] = −1.0;// 区分标量网格横网格线坐标
X[2] = -0.9;
X[3] = -0.8;
X[4] = -0.7;
X[5] = -0.6;
X[6] = -0.5;
X[7] = -0.4;
```

```
X[8] = -0.3;
X[9] = -0.2;
X[10] = -0.1;
X[11] = 0.0;
X[12] = 0.1;
X[13] = 0.2;
X[14] = 0.3;
X[15] = 0.4;
X[16] =0.5;
X[17] = 0.6;
X[18] = 0.7;
X[19] = 0.8;
X[20] = 0.9;
X[21] = 1.0;
X[22] = 1.1;
X[23] = 1.2;
X[24] = 1.3;
X[25] = 1.4;
X[26] = 1.5;
X[27] = 1.6;
X[28] = 1.7;
X[29] = 1.8;
X[30] = 2.0;
X[31] = 5.0;
X[32] = 8.0;
X[33] = 11.0;
X[34] = 14.0;
X[35] = 17.0;
X[36] = 20.0;
```

```
    ISOLVE[1] = 1;// 指定是（1）否（0）解这个方程
    ISOLVE[2] = 1;
    ISOLVE[3] = 1;
    ISOLVE[4] = 1;
    ISOLVE[5] = 0;

    IPRINT[1] = 1;// 指定是（1）否（0）输出
    IPRINT[2] = 1;
    IPRINT[3] = 0;
    IPRINT[4] = 1;
    IPRINT[5] = 1;
    IPRINT[6] = 1;

    ALPHA[1] = 0.5; //α，缓和系数。
    ALPHA[2] = 0.5;
    ALPHA[3] = 0.3;
    ALPHA[4] = 0.5;
    ALPHA[5] = 0.5;
    ALPHA[6] = 0.2;

    NPHI = 5;// 5，关注的控制方程式的数量 (Number of PHIs)。
    IU = 1; // 1, u 速度分量的 IPHI 值。
    IV = 2;//2, v 速度分量的 IPHI 值。
    IPC = 3;//3，压力校正值的 IPHI 值。
    IT = 4;//4，温度的 IPHI 值。
    IW = 5;//5, w 速度分量的 IPHI 值。
    IP = 6;//6，压力的 IPHI 值。
JDIM = 40;//40，二维数组的 J 方向最大尺寸
}
```

```
void DATAIN(void)// 根据实际边界条件改写
{
        int I,J;
    for(J=1;J<=NJ;J++)
    {
        PHI[1][J+JJU] = 1.0;
        PHI[1][J+JJV] = 0.0;
            PHI[1][J + JJT] = 0.0;
    }
    for(J=1;J<=NJ;J++)
    {
        PHI[NI][J+JJV] = 0.0;
    }

    for(I=1;I<=NIP1;I++)
    {
        PHI[I][NJ+JJT] = 0.0;
        PHI[I][1+JJT] = 0.0;
        PHI[I][NJ+JJU] = 0.0;
        PHI[I][1+JJU] = 0.0;
    PHI[I][NJ+JJV] = 0.0;
        PHI[I][1+JJV] = 0.0;
    }
        for (I = 11;I <= 21;I++)
        {
            for (J=6;J <= 26; J++)
            {
                PHI[I][J + JJT] = 1.0;
                PHI[I][J + JJU] = 1.0;
                PHI[I][J + JJV] = 1.0;
```

```
                        }

                }
}
```

例题 5

```
void DATABLOCK(void)//I 是 x 方向的地址 /J 是 y 方向的地址  // 根据实际参数改写
{
    NTIMST = 1;// 每次执行的时间进行次数 (Number of time steps)。
    NITERT = 500;// 迭代次数
DTIME = 0.1;// Δt, 时间刻度。时间步长
RENO = 1000;//Re=u_refL_ref/v_0，雷诺数 (Reynolds number)。
    GRNO = 1;// 格拉晓夫数
    DIRCOS = 0.0;//C_x 重力矢量的方向余弦 (Directional cosine)
PR = 100;//Pr，层流平板数。
ITURB = 0;// 指定湍流 (1) 还是层流 (0)(Is it turbulent ?)。
IRAD = 0;// 指定轴对称问题 (1) 还是 (0) 否 (Radial)。

    NI = 19;// 区分标量控制容积的纵向网格线数
    NJ = 9;// 区分标量控制容积的横向网格线数
    ISCAN = 5;// 监控点的 x 方向地址
    JSCAN = 5;// 监控点的 y 方向地址
    IREF = 2; // 基准压力地点的 x 方向的序号
    JREF = 2;// 基准压力地点的 y 方向的序号
INTPRI = 100;// 输出间隔 (Interval for printing)。
    ICNTDF = 0;// 对流项的中心差分指定整数值。
    IREAD = 0;// 指定是读取已知的结果 (1) 还是不读取 (0)

    NLUMP = 3;// 区分速度已知领域灯数、K 为灯的号码，划分速度已知区域
```

```
LUMPW[1] = 1;// 第一个区域四个方向的格子线编号
LUMPE[1] = 20;
LUMPS[1] = 1;
LUMPN[1] = 1;

LUMPW[2] = 1;
LUMPE[2] = 20;
LUMPS[2] = 10;
LUMPN[2] = 10;

    LUMPW[3] = 6;
    LUMPE[3] = 14;
    LUMPS[3] = 1;
    LUMPN[3] = 6;

Y[1] = 0.0;// 区分标量网格纵网格线坐标
Y[2] = 1.0;
Y[3] = 2.0;
Y[4] = 3.0;
Y[5] = 4.0;
Y[6] = 5.0;
Y[7] = 6.0;
Y[8] = 7.0;
Y[9] = 8.0;

X[1] = 0.0;// 区分标量网格横网格线坐标
X[2] = 1.0;
X[3] = 2.0;
X[4] = 3.0;
```

```
X[5] = 4.0;
X[6] = 5.0;
X[7] = 6.0;
X[8] = 7.0;
X[9] = 8.0;
X[10] = 9.0;
X[11] = 10.0;
X[12] = 11.0;
X[13] = 12.0;
X[14] = 13.0;
X[15] = 14.0;
X[16] = 15.0;
X[17] = 16.0;
X[18] = 17.0;
X[19] = 18.0;
X[20] = 19.0;
X[21] = 20.0;
X[22] = 21.0;
X[23] = 22.0;
X[24] = 23.0;
X[25] = 24.0;
X[26] = 25.0;
X[27] = 26.0;
X[28] = 27.0;
X[29] = 28.0;


ISOLVE[1] = 1;// 指定是（1）否（0）解这个方程
ISOLVE[2] = 1;
ISOLVE[3] = 1;
```

```
    ISOLVE[4] = 1;
    ISOLVE[5] = 0;

    IPRINT[1] = 1;// 指定是（1）否（0）输出
    IPRINT[2] = 1;
    IPRINT[3] = 0;
    IPRINT[4] = 1;
    IPRINT[5] = 1;
    IPRINT[6] = 1;

    ALPHA[1] = 0.5; //α，缓和系数。
    ALPHA[2] = 0.5;
    ALPHA[3] = 0.3;
    ALPHA[4] = 0.5;
    ALPHA[5] = 0.5;
    ALPHA[6] = 0.2;

    NPHI = 5;// 5，关注的控制方程式的数量 (Number of PHIs)。
    IU = 1; // 1, u 速度分量的 IPHI 值。
    IV = 2;//2, v 速度分量的 IPHI 值。
    IPC = 3;//3，压力校正值的 IPHI 值。
    IT = 4;//4，温度的 IPHI 值。
    IW = 5;//5, w 速度分量的 IPHI 值。
    IP = 6;//6，压力的 IPHI 值。
JDIM = 40;//40，二维数组的 J 方向最大尺寸
}

void DATAIN(void)// 根据实际边界条件改写
{
        int I,J;
```

```
    for(J=1;J<=NJ;J++)
    {
          PHI[1][J+JJU] = 1.0;
          PHI[1][J + JJT] = 1.0;
    }
    for(I=1;I<=NIP1;I++)
    {
          PHI[I][NJ+JJT] = 0.0;
                  PHI[I][1+JJT] = 0.0;
    }
          for (I = 6;I <= 14;I++)
          {
                  for (J=1;J <= 6; J++)
                  {
                        PHI[I][J + JJT] = 0.0;
                  }


          }
}
```

参 考 文 献

[1] PATANKAR,S. V . コンピュータによる熱移動と流れの数值解析 [M]. 水谷，香月，译 . [S.l.], 森北出版社 , 1985.
[2] 甲藤好郎 . 伝熱概論 [M]. 养贤堂 , 1964.
[3] MCADAMS. Heat transmission[M]. 3rd ed.[S.l.] McGraw-Hill., 1954.
[4] LAUNDER B E, SPALDING D B Mathematical models of turbulence[M]. [S.l.], Academic Press, 1972.
[5] BURGGRAF O R., J[J]. Fluid mechanics, 1966，(24): 113-151.
[6] LANGHAAR H L. Trans[J]. ASME, 1942(64): A55.
[7] TRIBUS M, KLINE J. Proc. Heat Transfer Symposium[M]. University of Michigan, 1953, 211-235.
[8] WHITE F M. Viscous fluid flow[M].[S.l.] McGraw-Hill, 1974.
[9] 香月正司 , 中山顕 . 熱流動の数值シミュレーション [M]. [S.l.], 森北出版社 , 1991.

后记

1970 年左右，人们开始使用数字电子计算机，尝试数值求解多元联立偏微分方程组，对伴随热移动传递等的复杂内部流动的多元联立偏微分方程组进行数值求解的尝试也由此开始。现在，计算流体力学（CFD）已经发展成为工程领域的一门重要学科。

1991 年，我与中山显博士共同出版了热流数值流体力学的教材《热流动数值仿真》（森北出版社），其内容在研究生院的授课及学会的讲习会上受到好评。此次，多亏范秦寅博士以及几位新的共同作者，作为数值流体力学的中日间的桥梁，通过多年的努力，成功出版了中文的修订版。可喜之余，希望这本书对想要学习数值流体力学的中国学生们起到帮助作用。

大阪大学名誉教授香月正司

作者介绍

谷京晨，1989年出生。2018年获得大阪大学工学博士。长期参与流体机械的仿真与优化设计工作。曾任中国教育部春晖计划海外（日本）专家，日本法务省“高度人才”，计算机工程师协会（日本关西）成员，北京海外联谊会成员。

徐沪萍，武汉理工大学交通与物流工程学院副教授，1975年出生，1996年武汉交通科技大学工业电气自动化专业本科毕业，1996年留校任教，2001年聘为讲师，2006年聘为副教授，硕士导师，2009年6月轮机工程专业博士研究生毕业，研究方向：智能控制、物联网关键技术与应用。

范秦寅，日本F&Jtec公司社长，大阪大学研究员（1987年4月—1991年3月，2003年4月至今）。1947年出生，1990年获得大阪大学工学博士，1991—2015年在日企CybernetSystemsCoLtd.以及SoftwareCradleCo. Ltd担任技术课长、技术部长、高工、参事等职，负责在日本、美国和中国的技术和市场的开发工作。还参与国内合作单位和学校数字仿真工作的运营、研发、管理等。曾任中国教育部春晖计划海外（日本）专家。多所国内大学兼职教授、讲座教授，中国城市科学研究会智慧城市联合实验室（CFD）首席科学家，计算机工程师协会（日本关西）会长，关西新华人华侨会理事及中国留日同学会副会长，北京市海外交流协会第三届理事，江苏华联会名誉理事等。

中山显，静冈大学名誉教授，西北工业大学动力与能源学院讲座教授，1952年出生，1976年毕业于静冈大学工程机械工程专业，1981年完成University of Illinois at Urbana-Champaign博士课程PhD，1982年静冈大学讲师，1983年副教授，1994年教授，专业为热工、多孔物体。

香月正司，大阪大学名誉教授，1941年出生，1965年大阪大学基础工学部机械工学系毕业，1971年大阪大学助手，1980年工学博士，1981年大阪大学讲师，1982年副教授，1983年受聘为Imperial College of Science&Technology研究员，1995年大阪大学教授，专业为热工学、反应性传热流动、燃烧工学、热力机械。

在本书写作过程中，感谢武汉理工大学交通与物流工程学院物流工程系的同学们，他们是温景韵、李冉军、唐宝鑫、罗田、邹道、郑兆龙，他们参与了初期的一些工作，特在此表示感谢。此外，还得到同业杨鹏、商标等的多方面的帮助，在此一并致以谢意。